普通高等教育"十三五"规划教材

简明大学化学实验

主　编　王凤彬　芦昌盛
副主编　刘　斌　马海凤　田笑丛

U0303832

微信扫码

学习交流群　　　　　线上资源

南京大学出版社

图书在版编目(CIP)数据

简明大学化学实验 / 王凤彬，芦昌盛主编. —南京：
南京大学出版社，2019.5
　ISBN 978 - 7 - 305 - 22169 - 9

　Ⅰ.①简…　Ⅱ.①王…②芦…　Ⅲ.①化学实验—高
等学校—教材　Ⅳ.①O6—3

中国版本图书馆 CIP 数据核字(2019)第 088147 号

出版发行　南京大学出版社
社　　址　南京市汉口路 22 号　　　　邮编　210093
出 版 人　金鑫荣

书　　名　**简明大学化学实验**
主　　编　王凤彬　芦昌盛
责任编辑　甄海龙　蔡文彬　　　　编辑热线 025 - 83592146

照　　排　南京理工大学资产经营有限公司
印　　刷　南京理工大学资产经营有限公司
开　　本　787×960　1/16　印张 14.5　字数 266 千
版　　次　2019 年 5 月第 1 版　2019 年 5 月第 1 次印刷
ISBN 978 - 7 - 305 - 22169 - 9
定　　价　36.00 元

网　　址：http://www.njupco.com
官方微博：http://weibo.com/njupco
微信服务号：njuyuexue
销售咨询热线：(025)83594756

前　言

　　2017年，南京大学对化学专业学生培养体系进行改革，将其改为按照化生大类（包括化学、生物、环境科学等）进行招生和平台课程训练与培养；在同一时期，也有国内兄弟院校在开展各种形式的大类招生和相应教学改革，这种变化给实验教学带来了新的机遇和挑战。

　　从学生受众看，原有的大学化学实验课程须从培养"化学专业"学生扩展到"化生大类"学生；从培养目标看，应该相应地从"专业培养"向"大类培养"过渡，即减弱课程的专业知识和专业技能的比重，同时加大实践意识和实验兴趣的培养。

　　根据2016年9月教育部发布的《中国学生发展核心素养》的预设目标，我们认为大学化学实验课程的主体思路，是培养本科新生的化学核心素养；对于低年级本科生而言，则偏重在基本知识、基本技能以及实践精神与态度方面。尤其是后者，它包括规整、审慎、精确、周密、客观、定量、存疑、环保、团队合等，对于学生的"科学精神""实践创新""学会学习""终身学习"等可持续性发展目标有决定性的影响。因此，我们决定编写一本适用于"泛"化学专业以及非化学专业（一年级）学生所需的大学化学实验简明教材。

　　本教材较为细致地对化学实验室安全守则、常用简单实验器材、基本实验操作和化学分析方法、实验数据的记录和处理等方面进行了阐述和演示，并配合视频教学等数字资源。

　　在本书编写过程中，王凤彬组织编写了书稿的主体部分，刘斌、田笑丛、马海凤完成了实验室安全守则和附录内容的采写与汇编，芦昌盛与王凤彬共同完成了对全书的编排与完善。

2019 年 4 月 7 日

目 录

绪　论

一、大学化学实验的目的

化学是一门以实验为基础的科学,化学中的定律和学说都源于实验,同时又为实验所检验。因此,化学实验在培养未来化学工作者的大学教育中,占有特别重要的地位。大学化学实验是学生在大学阶段的第一门化学实验课,通过参与实验,学生应该达到以下学习目的:

(1) 能规范、熟练地掌握无机及分析化学实验的基本操作、基本技术。

(2) 充分运用所学的无机化学、化学分析的基本理论、基本知识指导实验。

(3) 通过实验了解无机物的一般分离、提纯和制备方法,了解确定物质组成、含量和结构的一般方法。

(4) 掌握常见工作基准试剂的使用,常用的滴定方法和指示剂的使用。

(5) 确立严格的"量"的概念,并学会运用误差理论正确处理数据。

(6) 通过循序渐进的实践,培养学生分析问题、解决问题的独立工作能力。

(7) 培养严谨的科学态度,实事求是、一丝不苟的科学作风以及良好的实验素养;培养科学工作者应有的基本素质。

二、化学实验的学习方法

学好大学化学实验,不仅要有正确的学习态度,还要有正确的学习方法。正确把握实验的四个环节。

1. 预习

预习是做好实验的前提和保证,预习工作可以归纳为看、查、写。

(1) 看　认真阅读本书有关章节、有关教科书及参考资料;上网查阅相关实验的文字与视频材料。明确实验目的,了解实验原理;熟悉实验内容、主要

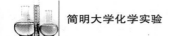

操作步骤及数据的处理方法；提出注意事项，合理安排实验时间；了解相关的基本操作与仪器的使用。

（2）查　通过查阅有关手册或网络资源，列出实验所需的物理化学数据。

（3）写　在"看"和"查"的基础上认真写好预习报告。

2．实验

（1）按拟定的实验步骤独立操作，既要大胆，又要细心，仔细观察实验现象，认真测定数据，并做到边实验、边思考、边记录。

（2）观察的现象，测定的数据，要及时、如实地记录在报告本上。原始数据不得涂改，如有记错可在原始数据上划一道杠，再在旁边写上正确值。

（3）实验中要勤于思考，仔细分析，力争自己解决问题。碰到疑难问题，可查资料，亦可与教师讨论，获得指导。

（4）如对实验现象有怀疑，在分析和查原因的同时，可以做对照试验、空白试验，或自行设计实验进行核对，必要时应多次实验，从中得到有益的结论。

（5）如实验失败，要查找、分析原因，经教师同意后可重做实验。

3．实验后

做完实验仅是完成实验的一半，余下更为重要的是分析实验现象，整理实验数据，把直接的感性认识提高到理性思维阶段。要做到：

（1）认真、独立完成实验报告。对实验现象进行解释，写出反应式，得出结论，对实验数据进行处理（包括计算、作图、误差表示）。

（2）分析产生误差的原因；对实验现象以及出现的一些问题进行讨论，敢于提出自己的见解；对实验提出改进的意见或建议。

4．实验报告

大学化学实验大致可分为制备、定量、性质、定性分析四大类，不同类型的实验，报告格式不尽相同。要求按一定格式书写，字迹端正，叙述简明扼要，实验记录、数据处理使用表格形式，作图图形准确清楚，报告整齐清洁。实验报告的书写一般分三部分：

预习部分（实验前完成）：按实验目的、原理、步骤（简明）几项书写。

记录部分（实验时完成）：包括实验现象、测定数据，这部分称原始记录。

结论部分（实验后完成）：包括对实验现象的分析、解释、结论，原始数据的处理、误差分析，讨论等。

实验报告模板

1. 制备实验

硫酸亚铁铵的制备

一、实验目的(略)

二、原理(略)

三、实验步骤

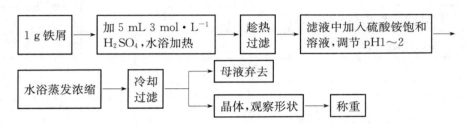

四、记录

1. 实验现象

2. 产量

理论产量_____g

计算过程

粗产品质量_____ g,产率＝_____％

3. 产品等级_____级

2. 定量测定实验

摩尔气体常数(R)的测定

一、实验目的(略)

二、原理(略)

三、实验步骤(略)

四、数据记录及处理

序 号	1	2	3
镁条质量 m/g			
反应后量气管液面位置/mL			
反应前量气管液面位置/mL			
氢气体积 $V(H_2)/mL$			

续　表

序　号	1	2	3
室温 T/K			
大气压 p/Pa			
T 时的饱和水蒸气压 $p(H_2O)/Pa$			
氢气分压 $p(H_2)/Pa$			
摩尔气体常数 $R/(J \cdot mol^{-1} \cdot K^{-1})$			
$\overline{R}$(修约前)$/(J \cdot mol^{-1} \cdot K^{-1})$			
s			
T			
$\overline{R}$(修约后)$/ (J \cdot mol^{-1} \cdot K^{-1})$			
准确度 $\left(\dfrac{R_测 - R_理}{R_理} \times 100\%\right)$			

摩尔气体常数的计算公式 $R=$

理论值 $R_理 =$

标准偏差 $s=$

统计量 $Tn=$

铁矿(或铁粉)中铁的测定

一、实验目的(略)

二、原理(略)

三、实验步骤(略)

四、数据记录与处理

序　号	1	2	3
铁粉质量 /g			
$m(K_2Cr_2O_7)$ /g			
$C(K_2Cr_2O_7)$ /mol $\cdot$ L^{-1}			
初读数 $V_1(K_2Cr_2O_7)$ /mL			

序 号	1	2	3
终读数 V_2 ($K_2Cr_2O_7$)/mL			
ΔV ($K_2Cr_2O_7$)/mL			
ω(Fe)%			
$\overline{\omega}$(Fe)%（修约前）			
s			
计算 T			
$\overline{\omega}$(Fe)%（修约后）			

计算公式 C（$K_2Cr_2O_7$）＝

ω（Fe）＝

五、讨论与分析

三、化学实验规则

（1）实验前应认真预习,明确实验目的,了解实验的基本原理和方法。

（2）实验时要遵守操作规则,遵守一切必要的安全措施,保证实验安全。

（3）遵守纪律,不迟到、不早退,保持室内安静,不要大声谈笑。

（4）使用水、电、煤气、药品时都要以节约为原则,对仪器要爱护。

（5）实验过程中,随时注意保持工作环境的整洁。实验完毕后洗净、收好玻璃仪器,把实验桌、公用仪器、试剂架整理好。

（6）实验中要集中注意力,认真操作,仔细观察,将实验中的一切现象和数据都如实记在报告本上,不得涂改和伪造。根据原始记录,认真处理数据,按时写出实验报告。

（7）对实验内容和安排不合理的地方提出改进的方法。对实验中的一切现象(包括反常现象)进行讨论,并大胆提出自己的看法,做到生动、活泼、主动地学习。

（8）实验后由同学轮流值日,负责打扫和整理实验室。检查水、电、煤气、门窗是否关好,以保证实验室的安全。

（9）尊重教师的指导。

四、实验室的安全

化学实验时,经常使用水、电、煤气、各种药品及仪器,如果马马虎虎,不遵守操作规则,不但实验会失败,还可能造成事故(如失火、中毒、烫伤或烧伤等)。出了事故,不但国家财产受到损失,还会损害人的健康。因此我们必须在思想上重视安全问题,必须遵守操作规则,避免事故的发生。

1. 实验室的安全规则

(1)浓酸、浓碱具有强腐蚀性,用时要小心,不要把它洒在皮肤和衣服上。稀释浓硫酸时,必须把酸注入水中,而不是把水注入酸中。

(2)有机溶剂(如乙醇、乙醚、苯、丙酮等)易燃,使用时一定要远离火焰,用后应把瓶塞塞严,放在阴凉的地方。

(3)制备具有刺激性的、恶臭的、有毒的气体(如 H_2S、Cl_2、CO、SO_2、Br_2 等),或进行能产生这些气体的实验,以及加热或蒸发盐酸、硝酸、硫酸,溶解或消化试样时,应该在通风橱内进行。

(4)氯化汞和氰化物有剧毒,不得进入口内或接触伤口。氰化物不能碰到酸(氰化物与酸作用放出氢氰酸)。砷酸和钡盐毒性很强,不得进入口内。

(5)用完煤气或煤气供应临时中断时,应立即关闭煤气龙头。如遇煤气泄漏,应停止实验,进行检查。

(6)实验完毕后,值日生和最后离开实验室的人员都应负责检查水、电、煤气是否关好,门窗是否关好。

2. 实验室一般事故的紧急处理方法

(1)消防

消防,应以防为主。万一不慎起火,要沉着快速处理,首先要切断热源、电源,把附近的可燃物品移走,再针对燃烧物的性质采取适当的灭火措施。但不可将燃烧物抱着往外跑。常用的灭火措施有以下几种,使用时要根据火灾的轻重,燃烧物的性质,周围环境和现有条件进行选择。

石棉布:适用于小火。用石棉布盖上以隔绝空气,就能灭火。

干沙土:适用于不能用水扑救的燃烧,但对火势很猛,面积很大的火焰欠佳。

水:是常用的救火物质。若燃烧物与水互溶时,或用水没有其他危险时可用水灭火。它不适用于有机溶剂着火引起的火灾,因溶剂与水不相溶,又比水轻,水浇上去后,溶剂还漂在水面上,扩散开来继续燃烧。在溶剂着火时,先用泡沫灭火器把火扑灭,再用水降温是有效的救火方法。

泡沫灭火器:药液成分是碳酸氢钠和硫酸铝,是实验室常用的灭火器材。使用时,把灭火器倒过来,喷射起火处。此法不适用于电线走火引起的火灾。

二氧化碳灭火器:内装液态二氧化碳,是化学实验室最常使用,也是最安全的一种灭火器,适用于油脂和电器的灭火,但不能用于金属灭火。

干粉灭火器:主要成分是碳酸氢钠等盐类物质、适量的润滑剂和防潮剂,适用于油类、可燃气体、电器设备等不能用水扑灭的火焰。

四氯化碳灭火器:它不导电,适于扑灭带电物体的火灾。但它在高温时分解出有毒气体,故在不通风的地方最好不用。另外,在有钠、钾等金属存在时不能使用,因为有引起爆炸的危险。

若衣服着火,切不要慌张奔跑,以免风助火势。化纤织物最好立即脱掉。一般小火可用湿抹布、灭火毯等包裹使火熄灭。若火势较大,可就近用水浇灭。必要时可就地卧倒打滚,一方面防止火焰烧向头部,同时在地上压住着火点,使其熄灭。

（2）实验室一般伤害的救护

① 割伤

先挑出伤口内的异物,然后在伤口抹上碘伏或紫药水后用消毒纱布包扎。也可贴上"创可贴",能立即止血,且易愈合。

② 烫伤

在伤口处抹烫伤油膏或万花油,不要把烫出的水泡挑破。

③ 受酸蚀伤

先用大量水冲洗,再用饱和碳酸氢钠溶液或稀氨水冲洗,最后再用水冲洗。

④ 受碱蚀伤

先用大量水冲洗,再用醋酸溶液（20 g・L^{-1}）或硼酸溶液冲洗,最后再用水冲洗。

⑤ 酸和碱溅入眼中

必须用大量水洗冲,持续 15 min,随后即到医生处检查。

⑥ 吸入溴蒸气、氯气、氯化氢气体

可吸入少量酒精和乙醚混合蒸气。

每个实验室里都备有药箱和必要的药品,以备急用。如果伤势较重,应立即就医。

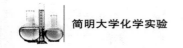

五、实验室的三废处理

随着社会的发展,科技的进步,化学实验室在各大高校中已经普遍存在。在许多的化学实验过程中,所产生的一些废弃物往往是带有剧毒甚至是有致癌性的污染物,如果处理不当,不但会污染空气、水源和土壤,破坏生态环境,而且还会给人们的健康带来威胁。因此,必须对实验室产生的危险化学废弃物进行妥善处置。

1. 危险化学废弃物的处理原则

根据《废弃危险化学品污染环境防治办法》规定,危险化学品废物的处置实行减少废弃危险化学品的产生量、安全合理利用废弃危险化学品和无害化处置废弃危险化学品的原则。

（1）减少实验室废弃物的产生

在设计实验时应该尽量减小实验规模,改善实验装置,推广微型实验,有效降低污染废弃物的产生。改进实验方法的设计,尽量使用绿色、无毒、无害的化学药品,减少化学实验步骤,降低废弃物的产生流程和总量。

（2）回收再利用废弃物

严格规范化实验室化学废弃物的回收,做到所有有毒有害的化学废弃物全部回收。不得将危险废物混入生活垃圾和其他非危险废物中贮存。

（3）无害化处理危险废弃物

对危险化学废弃物进行无害化处理,不仅可以避免其对人的危害和环境的污染,还可以节约将危险化学废弃物送到专业厂家进行处理的费用。

2. 危险化学废弃物的处理方法

在处理危险化学废弃物的过程中,往往伴随着有毒气体的产生以及放热、爆炸等危险。因此,处理前必须充分了解废弃物的性质,密切注意反应现象,并对可能出现的意外做好预防工作。

（1）有毒、有害气体

实验室产生的有毒有害气体必须经过吸附或吸收等方法处理后方可排放。如氯化氢等酸性气体可用稀碱液吸收后,通过通风橱排出室外。

（2）无机废酸、废碱

无机废酸、废碱一般采用酸碱中和的方法处理。如无机废酸用氢氧化钙溶液或废碱液中和,废碱用盐酸或废酸中和,反应后调节 pH 至中性。

（3）有机废溶剂

目前实验室有机废液最环保、最经济的做法是实验室自行回收利用。回收提纯一般多采用蒸馏或分馏提纯的方法，通过此种方法回收、提纯的溶剂基本可以再次使用。

（4）含氰废液

对于少量的含氰废液，可先加氢氧化钠调至 pH＞10，再加入几克高锰酸钾使 CN⁻ 氧化分解。大量的含氰废液可用碱性氯化法处理。先用碱将废液调至 pH＞10，再加入漂白粉，使 CN⁻ 氧化成氰酸盐，并进一步分解为二氧化碳和氮气。

（5）含银废液

向含银废液中加入盐酸调节 pH 为 1～2，得到氯化银沉淀，过滤回收沉淀。

（6）含砷废液

向含砷废液中，加入氢氧化钙，将 pH 值调节至 8 左右，使其转化为砷酸钙或亚砷酸钙盐的沉淀，加入 $FeCl_3$ 作为共沉淀剂，分离沉淀除去废液中的砷。

（7）含铬废液

在酸性条件下，通过硫酸亚铁将 Cr^{6+} 还原为 Cr^{3+}，然后再向废液中加入废碱液或石灰，调节废液 pH 至 10，使其生成低毒的 $Cr(OH)_3$ 沉淀，分离沉淀后的清液可排放，沉渣集中处理。

（8）含汞废液

在实验过程中如果不慎将汞溅落在地上，应立即用吸管、毛笔将汞捡起，收集于瓶中，用水覆盖。散落过汞的地面应洒上硫黄粉，将散落的汞覆盖一段时间，使其生成硫化汞，再设法扫净。向含汞的废液中加入硫化钠，使其生成硫化汞沉淀，调节 pH 至 8，然后加入硫酸亚铁作为共沉淀剂，使过量的硫化钠与硫酸亚铁反应生成硫化铁沉淀，硫化铁可吸附悬浮于水中的硫化汞微粒进行共沉淀，分离沉淀。

（9）含铅、镉废液

向含铅、镉废液中加入氢氧化钙，调节 pH 到 8～10，加入硫酸亚铁作为共沉淀剂，使沉淀完全，分离沉淀。

第一章　基础知识与基本操作

一、实验室公用仪器与设备

（一）电子台天平

电子台天平，是一种可靠性强、操作简便的称量仪器。称量范围为 0～200 g，能称准至 0.01 g。

1. 电子台天平的外形结构见图 1-1。

2. 使用方法

（1）接通电源后，按开关键（ON/OFF键），显示 0.00 g 称量模式。预热30 min后方可称量。

（2）如果在空盘情况下，显示数值偏离零点，则应按清零键（ZERO，亦称去皮键或归零键），使显示回到零点。

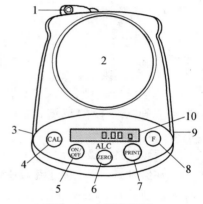

图 1-1　电子台天平

1—水平仪；2—秤盘；3，9—水平调节螺丝；4—校正键；5—开关键；6—清零键；7—打印键；8—称量单位转换键；10—液晶显示屏

（3）将容器（或称量纸）放在秤盘上，显示容器质量。

（4）按清零键，显示 0.00 g。

（5）往容器中缓缓加入称量物，当达到所需量时，停止加入。显示稳定后，即可记下称量物的净质量。

（6）称量完毕，取下容器，即显示容器质量的负值。按清零键，显示 0.00 g，即可进行下一次称量。

3. 使用注意事项

（1）应保证通电后的预热时间。

（2）电子台天平是较为精密的仪器，称量时应小心轻放、轻取。

（3）称量过程中，如出现不正常情况，应及时请实验技术人员查看。

（4）称量完毕，将电子台天平及其称量区周围打扫干净。

（二）煤气灯

1. 煤气灯的结构

煤气灯由灯座和灯管组成。旋转后取下灯管，可以看到煤气的出口，空气则通过铁环的通气孔进入管中，转动铁环，利用孔隙的大小，可以调节空气的输入（图 1-2）。

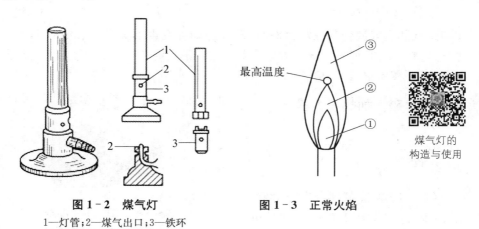

最高温度

煤气灯的
构造与使用

图 1-2　煤气灯
1—灯管；2—煤气出口；3—铁环

图 1-3　正常火焰

2. 煤气灯的使用

（1）煤气灯火焰调节

当煤气完全燃烧时，可以得到最大的热量，这时，产生无光的火焰，称为正常火焰，由三个锥形区域组成（图 1-3）。

焰心（①）：煤气和空气混合并未燃烧，颜色灰黑，温度低，约为 300 ℃。

还原焰（②）：煤气燃烧不完全，火焰含有炭粒，具有还原性，称为还原焰。火焰呈淡蓝色，温度较高。

氧化焰（③）：煤气燃烧完全，由于过剩的空气中的氧，这部分火焰具有氧化性，称为氧化焰。火焰呈淡紫色，温度高，可达 800～900 ℃。

煤气灯火焰的最高温度处，在还原焰顶端的上部。实验中一般都用氧化焰加热，温度的高低可由调节火焰的大小来控制。

点燃煤气前，先旋转金属灯管，使圆孔关小，控制空气进气量较小为宜，擦燃火柴,打开煤气龙头 2～3 s 以后,把煤气点着。旋转金属灯管或灯管外的铁环,调节空气进入量,使火焰不发黄色。

如空气和煤气的进入量调节得不合适、或不匹配,则会产生不正常的火焰。当火焰脱离金属灯管的管口、临空燃烧而产生临空火焰时,说明空气的进入量太大或煤气和空气的进入量都很大,需重新调节。有时,煤气在金属管内燃烧,在管口有细长的火焰并常常带绿色(如灯管是铜的),这种火焰称为侵入火焰。这是在空气的进入量很大、而煤气的进入量很小或者中途煤气供应突然减小时发生的。如果出现这种现象,应立即将煤气龙头关闭,重新点火调节。

(2) 使用注意事项

煤气和空气混合到一定比例时,遇火源即可发生爆炸,所以,绝对不允许把煤气放入室内、或发生煤气人为泄漏事故。不用时,一定要注意把煤气龙头关紧,离开实验室时,再检查一下是否关好。

(三) 磁力加热搅拌器

1. IKA RH Basic 1 型磁力加热搅拌器(图 1-4)的性能

(1) 加热温度范围:室温～320 ℃

(2) 速度范围:150～1 500 r/min

可用作液体的搅拌、加热。底座上附有支柱插孔,可接金属支架。

**图 1-4   IKA RH Basic 1
磁力加热搅拌器**

1—工作盘;2—电源开关;3—
加热调节旋钮;4—调速调节旋钮

2. 使用方法

(1) 在需搅拌的玻璃容器中放入磁力转子,将容器放在工作盘正中。

磁力加热
搅拌器的使用

(2) 打开电源开关,旋转调速调节旋钮,使转子平稳转动,起到搅拌作用。

(3) 旋转加热调节旋钮,利用镍铬丝加热并保温溶液。不能自动控温,必须由人工调节。

3. 使用注意事项

(1) 为了确保安全,使用时要接地。

（2）工作盘面温度较高，小心烫伤。

（3）电源线不要靠近工作盘，以免损伤电源线及发生漏电危险。

（4）搅拌开始时，需慢慢旋转调速器，否则，会使转子磁力脱吸、不能旋转。也不允许高速挡直接启动，以免转子不同步、引起跳动。

（5）搅拌时，如发现转子跳动或不搅拌时，则应切断电源检查容器底部是否平整、位置是否放正等。

（6）连续加热时间不宜过长，间歇使用可以延长设备使用寿命。

（7）仪器应保持清洁干燥，严禁液体进入机内，以免损坏机件。

（四）干燥箱

干燥箱的全称是电热鼓风干燥箱，俗称烘箱，是化学实验室常备的设备，其规格、型号较多，这里仅介绍 DGG－9070AE 型电热恒温鼓风干燥箱。

1. 性能参数

温度范围：室温＋10 ℃～200 ℃

温度波动：±1 ℃

超温报警：＋5 ℃

干燥箱的使用

2. 使用方法

（1）打开箱门，将待干燥物体放入箱内隔板上，关上箱门；

（2）接通电源，按下电源开关，此时电源指示灯亮；

（3）操作控制面板上的温度控制器，设定需要的温度值；

（4）干燥结束后，关闭电源开关，打开箱门，取出物品，拿取时请注意安全。

3. 温度控制方法（控制面板如图 1－5 所示）

（1）按"SET"，进入设定方式；

（2）按"▲"键或"▼"键不放，直到数字设定至所需值；

（3）按"SET"键确认，设定结束。

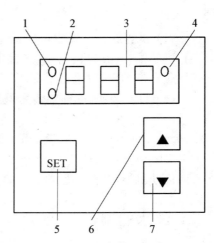

图 1－5　干燥箱控制面板

1—加热指示灯（绿）；2—风机指示灯（黄）；
3—温度显示；4—报警指示灯（红）；
5—控制功能键；6—加键；7—减键

4．注意事项

（1）可燃性和挥发性的化学物品，切勿放入箱内。

（2）禁止将易爆及腐蚀性物品放入箱内。

（3）箱内胆及设备表面要经常擦拭，以保持清洁。请勿用酸、碱或其他腐蚀性溶液擦拭仪器外部表面。

（4）干燥箱长期不用时，应拔掉电源以防设备损坏。

（五）离心机

少量沉淀与溶液分离时，使用离心机。离心机的控制面板如图 1－6 所示。

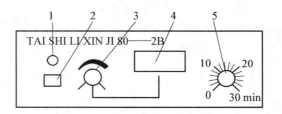

图 1－6　离心机控制面板

1—指示灯；2—电源开关；3—调速旋钮；
4—转速显示；5—定时旋钮

使用注意事项：

（1）试管放在金属或塑料套管中，位置要对称，质量要平衡，否则，易损坏离心机的轴。如果只有一支试管中的沉淀需要分离，则可取一支空的试管并盛相应质量的水，以维持平衡。

（2）打开旋钮，逐渐旋转变阻器，速度由小到大。

（3）离心时间与转速设定，应根据沉淀的性质来决定：结晶形的紧密沉淀，大约 1 000 r/min，1～2 min；无定形疏松沉淀，沉降时间稍长些，转速一般为 2 000 r/min；如经 3～4 min 仍不能分离，则应通过加入电解质或者加热的方法促使沉淀沉降，然后离心分离。

二、纯水的制备及检定

1．实验室用水的规格

我国已建立了实验室用水规格的国家标准，规定了实验室用水的级别、技术指标、制备方法及检验方法。

表 1 - 1　实验室用水的级别及主要技术指标(引自国家标准 GB/T 6682—2008)

指 标 名 称	一级	二级	三级
pH 范围(25 ℃)	—	—	5.0～7.0
电导率(25 ℃)/(mS·m⁻¹)≤	0.01	0.10	0.50
可氧化物质含量(以 O 计)/(mg·L⁻¹)≤	—	0.08	0.4
吸光度(254 nm,1 cm 光程)≤	0.001	0.01	—
蒸发残渣(105±2 ℃)/(mg·L⁻¹)≤	—	1.0	2.0
可溶性硅(以 SiO₂ 计)/(mg·L⁻¹)≤	0.01	0.02	—

有些实验室对水还有特殊的要求,可根据需要检验有关项目,如氧、铁、氨含量等。

电导率是纯水质量的综合指标。一级和二级水的电导率必须"在线"(将测量电极安装在制水设备的出水管道内)测量。纯水在储存和与空气接触过程中,由于容器材料中可溶解成分的引入以及对空气中 CO_2 等杂质的吸收,都会引起电导率的改变,水越纯,其影响越显著。一级水必须临用前制备,不宜存放。实际工作中,人们往往习惯于用电阻率来衡量水的纯度。一、二、三级水的电阻率应分别等于或大于 10 MΩ·cm,1 MΩ·cm 和 0.2 MΩ·cm。

2. 纯水的制备

制备分析实验室用水的原水,应当是饮用水或其他适当纯度的水。常用的制备纯水的方法有蒸馏法、离子交换法、电渗析法等,近些年发展起来的方法有反渗透(RO)法、电去离子法(EDI)等。

目前,一、二、三级水的常用制备方法如下:

一级水:将二级水经进一步处理后制得。可将二级水经过石英设备蒸馏、或离子交换混合床处理后,再经 0.2 μm 微孔滤膜过滤来制取,基本不含有溶解或胶态离子杂质及有机物。

二级水:将三级水再次蒸馏后制得,可含有微量的无机、有机或胶态杂质。

三级水:采用蒸馏、去离子(离子交换及电渗析法)或反渗透等方法来制备。

三级水一般用作无要求的溶液配制,或用于制备二级水乃至一级水,以往多采用蒸馏的方法制备,故通常称为蒸馏水。为节约能源和减少污染,目前多采用离子交换法、电渗析法或反渗透法制备。

3. 纯水的检验

纯水的检验有物理方法和化学方法两类。物理方法即测定纯水的电导率，并以电导率值作为主要质量指标，一般的分析实验室都可以参考这项指标，来选择适用的纯水。特殊情况下，例如生物化学、医药化学等方面的某些实验用水，还需要对其他相关项目进行检验，包括采用化学法来检验纯水的pH、氯化物及硅酸盐含量等。

4. 纯水的合理使用

不同的化学实验，对水的质量要求也不同，不能都用自来水，也不应都用纯水，应根据实验要求，选用适当级别的纯水。在使用时，还应注意节约。

三、化学试剂的规格及取用

（一）化学试剂的级别

试剂的纯度对实验结果准确度的影响很大，不同的实验对试剂纯度的要求也不相同，因此，必须了解试剂的分类标准。化学试剂按杂质含量的多少，分为若干等级。表1-2是我国化学试剂等级标志与某些国家的化学试剂等级标志对照表。

表1-2 化学试剂等级对照表

	级别	一级品	二级品	三级品	四级品	五级品
我国化学试剂等级标志	中文标志	保证试剂	分析试剂	化学纯	化学用	生物试剂
		优级纯	分析纯	纯	实验试剂	
	符号	GR	AR	CP	LR	BR,CR
	标签颜色	绿	红	蓝	棕色等	黄色等
德、美、英等国通用等级和符号		GR	AR	CP		

应该根据节约的原则、按实验的要求，分别选用不同规格的试剂。

固体试剂装在广口瓶内，液体试剂则盛在细口瓶或滴瓶内，见光易分解的试剂（如硝酸银）应放在棕色瓶内，盛碱液的细口瓶用橡胶塞。每一个试剂瓶上贴有标签,标明试剂的名称、浓度和纯度等。

（二）试剂的取用

试剂的取用

1. 液体试剂

取下瓶盖倒放在桌上（为什么），右手握住瓶子,使试剂瓶标签握在手心里,以瓶口靠住容器壁,缓缓倾出所需液体,让液体沿着器壁往下流（若所用容器为烧杯,则倾注液体时可用玻璃棒引入）。用完后,随即将瓶盖盖上。

加入反应容器中的所有液体的总量,不能超过总容量的 2/3;如使用试管,则不能超过试管容量的 1/2。

取用滴瓶中的试剂时,须用滴瓶配套的滴管。滴管必须保持垂直、避免倾斜,尤忌倒立。滴管的尖端不可接触承接容器的内壁,更不能插到其他溶液里,也不能把滴管放在原滴瓶以外的任何地方。

2. 固体试剂

用干净、干燥的药匙取用。如果取多了,应将多余的试剂分给其他需要的同学使用,不要倒回原瓶,以免弄脏瓶内试剂。

四、标准物质和标准溶液

（一）标准物质

为了保证分析、测试的结果有一定的准确性,并具有公认的可比性,必须要用标准物质校准仪器、标定溶液浓度和评价分析方法。可见,标准物质是物质成分、结构测定中不可缺少的一种计量标准。

1. 标准物质的定义和特征

标准物质是一种已经确定了具有一个或多个足够均匀的特性值的物质或材料,作为分析测量行业中的"量具",在校准测量仪器和装置、评价测量分析方法、测量物质或材料特性值和考核分析人员的操作技术水平,以及在生产过程中产品的质量控制等领域起着不可或缺的作用。因此,它必须具备以下特征:材质均匀、性能稳定、批量生产、准确定值,有标明标准值及定值的准确度等项内容的标准物质证书。

2. 标准物质的分级

标准物质分为两个级别:一级标准物质主要用于研究与评价标准方法、二级标准物质的定值等;二级标准物质主要用于评价现场分析方法、现场实验室的质量保证和不同实验室之间的质量保证。二级标准物质常称为工作标准物质。

3. 化学试剂中的标准物质

化学试剂中仅有容量分析基准试剂和 pH 基准试剂属于标准物质。

容量分析第一基准试剂(一级标准物质)的主体含量为 99.98% ～ 100.02%。工作基准试剂(二级标准物质)的主体含量为 99.95% ～ 100.05%,这是滴定分析工作中常用的计量标准,可使被标定溶液的不确定度在 0.2% 以内。

一级 pH 基准试剂(一级标准物质)的 pH(S) 总不确定度为 ±0.005,用这种试剂按规定方法配制的溶液称为一级 pH 标准缓冲溶液,用于 pH 基准试剂的定值和高精密度 pH 计的校准。pH 基准试剂(二级标准物质)的 pH(S) 总不确定度为 ±0.01,用这种试剂按规定方法配制的溶液称为 pH 标准缓冲溶液,主要用于 pH 计的校准。

(二)标准溶液

标准溶液,是已确定其主体物质浓度或其他特性量值的溶液。化学实验中,常用的标准溶液有滴定分析用标准溶液、仪器分析用标准溶液和 pH 测量用标准缓冲溶液。

1. 滴定分析用标准溶液配制方法

(1)用工作基准试剂或纯度相当的其他物质直接配制。此法比较简单,但成本太高不实用。

(2)先用分析纯试剂配成接近所需浓度的溶液,再用适当的工作基准试剂或其他标准物质进行标定。

配制时,所用工作基准试剂要按规定预先进行干燥。此外,还应根据实验要求选用适当级别的纯水来配制,一般不能低于三级水的规格。

2. pH 测量用标准缓冲溶液配制方法

(1)用袋装 pH 基准试剂配制:将塑料袋内的试剂全部溶解并稀释至规定

体积即可使用。

（2）用 pH 基准试剂配制：将 pH 基准试剂事先经干燥处理后，再配制成规定的浓度（附录八）。

五、常用仪器的洗涤与干燥

（一）常用仪器的洗涤

化学实验中，经常使用玻璃仪器和瓷器。有时，由于污物和杂质的存在，而得不出正确的结果，因此必须注意仪器的清洁。

玻璃仪器的洗涤方法很多，应根据实验的要求、污物的性质、沾污程度来选用合适的方法，常用的洗涤方法如下：

1. 刷洗

用水和毛刷刷洗，除去仪器上的尘土、其他不溶性杂质和可溶性杂质。

仪器的洗涤

2. 用去污粉、肥皂或合成洗涤剂（洗衣粉）洗

洗去油污和有机物质，若油污和有机物仍洗不干净，可用热的碱液洗。

3. 用铬酸洗液（简称洗液）洗

在进行精确的定量实验时，对仪器的洁净程度要求高，加上所用仪器形状特殊、或仪器内壁不能洗毛与出现划痕，这时须用洗液洗。

洗液具有强酸性、强氧化性，对衣服、皮肤、桌面、橡皮等有很强的腐蚀性，使用时要特别小心。由于洗液中含有的 Cr(VI) 有毒，故应尽量少用。在本书的实验中，洗液只用于容量瓶、吸管、滴定管、比色管的洗涤。

洗液使用时，注意事项如下：

（1）被洗涤器皿不宜有水，以免洗液被冲稀而失效。

（2）洗液可以反复使用，用后即倒回原瓶内。

（3）当洗液的颜色由原来的深棕色变为绿色，即重铬酸钾被还原为硫酸铬时，洗液即失效而不能使用。

（4）洗液瓶的瓶塞要塞紧，以防洗液吸水而失效。

（5）第一次冲洗容器残留洗液的废水，应回收处理。

4. 用浓盐酸（粗）洗

可以洗去附着在器壁上的氧化剂,例如二氧化锰。大多数不溶于水的无机物都可以用它洗去,例如灼烧过沉淀物的瓷坩埚,可先用热盐酸洗液洗。

5. 用氢氧化钠-高锰酸钾洗液洗

可以洗去油污和有机物。洗后,在器壁上留下的二氧化锰沉淀可再用盐酸洗。

除以上洗涤方法外,还可以根据污物的性质选用适当试剂。例如 AgCl 沉淀,可以选用氨水洗涤;硫化物沉淀,可选用硝酸加盐酸洗涤。

洗净的仪器壁上不应附着不溶物、油污,这样的仪器可被水完全湿润。把仪器倒转过来,水即顺器壁流下,器壁上只留下一层既薄又均匀的水膜,不挂水珠,这表示仪器已经洗干净。

在定性、定量实验中,由于杂质的引进会影响实验的准确性,对仪器洁净程度的要求较高。用以上各种方法洗涤后,应该再用纯水洗去附在仪器壁上的自来水,按照少量（每次用量少）、多次（一般洗 3 次）的原则。

（二）仪器的干燥

仪器的干燥

1. 晾干

不急用的仪器,在洗净后,可倒置在干净的实验柜内或仪器架上,任其自然干燥。

2. 烘箱烘干

将洗净的仪器,尽量倒干水后放进烘箱内。放时,应使仪器口朝下,并在烘箱的最下层放一搪瓷盘,盛接从仪器上滴下的水。

3. 烤干

一些常用的烧杯、蒸发皿等,可放在石棉网上,用小火烤干。

4. 用有机溶剂干燥

加一些易挥发的有机溶剂（常用乙醇和丙酮）到洗净的仪器中,把仪器倾斜并转动,使器壁上的水和有机溶剂互相溶解、混合,然后,倒出有机溶剂（回收）,少量残留在仪器中的混合物很快挥发而干燥。如果用电吹风往仪器中吹风,则干得更快。

六、加热与冷却

（一）加热方法

1. 直接加热

（1）直接加热液体：适用于在较高温度下不分解的溶液或纯液体。少量的液体可装在试管中加热，用试管夹夹住试管的中上部，试管口向上，微微倾斜，管口不能对着自己和其他人的脸部，以免溶液沸腾时溅到脸上。管内所装液体的量不能超过试管高度的 1/3。加热时，先加热液体的中上部，再慢慢往下移动，然后不时地上下移动，使溶液受热均匀。不能集中加热某一部分，会引起暴沸。

如需要加热的液体较多，则可置于烧杯或其他器皿中。待溶液沸腾后，再把火焰调小，使溶液保持微沸，以免溅出。

如需把溶液浓缩，则把溶液放入蒸发皿内加热，待溶液沸腾后，改用小火慢慢地蒸发、浓缩。

（2）直接加热固体：少量固体药品可装在试管中加热，加热方法与直接加热液体的方法稍有不同，此时试管口向下倾斜，使冷凝在管口的水珠不倒流到试管的灼烧处而导致试管炸裂。

较多固体的加热，应在蒸发皿中进行。先用小火预热，再慢慢加大火焰，但火也不能太大，以免样品溅出，造成损失。须充分搅拌，使固体受热均匀。需高温灼烧时，则把固体放在坩埚中，用小火预热后慢慢加大火焰，直至坩埚红热（图 1-7），维持一段时间后，停止加热。稍冷，用预热过的坩埚钳将坩埚夹持到干燥器中冷却。

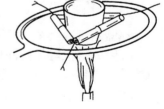

图 1-7　灼烧坩埚内的固体

2. 水浴加热

当被加热物质要求均匀受热、且温度又不能超过 373 K 时，采用水浴加热。如果把水浴锅中的水煮沸，用水蒸气来加热，即成蒸汽浴。水浴锅上放置一组铜质或铝质的大小不等的同心圈，以承受各种器皿。根据器皿的大小选用铜圈，尽可能使器皿底部的受热面积最大。也可选用大小合适的烧杯，代替水浴锅的作用。

· 直接加热
· 水浴加热

小试管中的溶液，只宜在微沸水浴上加热。在 100 mL 烧杯中，放入一铜架，注入水，至盖过第二层铜片面为止，即组成水浴。如果直接加热小试管，则易将少量的溶液烧沸、溅出，或因快速蒸干而使沉淀损失或变质，同时，小试管加热时也易破裂。

在蒸发皿中蒸发、浓缩时，也可以在水浴上进行，这样比较安全。

3. 沙浴和油浴加热

当被加热物质要求均匀受热、且温度又需要高于 373 K 时，可用沙浴或油浴。

沙浴，是将细沙均匀地铺在一只铁盘内，被加热的器皿放在沙上，底部部分插入沙中，用煤气灯加热铁盘；用油代替水浴中的水，即是油浴。

（二）冷却方法

冷却

1. 流水冷却

将需冷却的物品，用流动的自来水直接冷却。

2. 冰水冷却

将需冷却的物品直接放在冰水中。

3. 冰盐浴冷却

冰盐浴可冷至 273 K 以下，所能达到的温度由冰盐的比例和盐的品种决定，干冰和有机溶剂混合时，其温度更低。为了保持冰盐浴的效率，要选择绝热较好的容器，如杜瓦瓶等。表 1-3 是常用的制冷剂及其达到的温度。

表 1-3　制冷剂及其达到的温度

制冷剂	T/K	制冷剂	T/K
30 份 NH_4Cl + 100 份水	270	125 份 $CaCl_2 \cdot 6H_2O$ + 100 份碎冰	233
4 份 $CaCl_2 \cdot 6H_2O$ + 100 份碎冰	264	150 份 $CaCl_2 \cdot 6H_2O$ + 100 份碎冰	224
29 g NH_4Cl + 18 g KNO_3 + 冰水	263	5 份 $CaCl_2 \cdot 6H_2O$ + 4 份碎冰	218
100 份 NH_4NO_3 + 100 份水	261	干冰 + 二氯乙烯	213
75 g NH_4SCN + 15 g KNO_3 + 冰水	253	干冰 + 乙醇	201
1 份 NaCl(细) + 3 份冰水	252	干冰 + 乙醚	196
100 份 NH_4NO_3 + 100 份 $NaNO_3$ + 冰水	238	干冰 + 丙酮	195

七、固液分离方法

常用的分离方法有三种：倾滗法、过滤法和离心分离法。

（一）倾滗法

当沉淀的结晶颗粒较大、或相对密度较大时，可用此法进行固液分离。待溶液和沉淀分层后，倾斜器皿，将上部溶液慢慢倾入另一容器中，即能达到分离的目的。如沉淀需要洗涤，则往沉淀中加入少量纯水（或其他洗涤液），用玻璃棒充分搅拌、静置、沉降，倾去纯水；重复洗涤几次，即可洗净沉淀。

· 倾滗
· 减压过滤

（二）过滤法

过滤是利用滤纸将溶液和固体分开，有常压和减压两种过滤法。

1. 减压过滤

减压过滤又称吸滤法过滤、抽滤，过滤所用的吸滤漏斗又称布氏漏斗。吸滤装置见图 1-8。这种抽气过滤的原理是通过抽气管进行真空抽气把吸滤瓶中的空气抽出，造成部分真空，而使过滤的速度大大加快。

（1）吸滤操作

在进行过滤前，先将滤纸剪成比布氏漏斗内径略小，但又能将全部瓷孔盖住的圆形，平铺在漏斗内。用少量水润湿滤纸，先打开循环水泵的开关，再把胶皮管连接吸滤瓶支管，滤纸便吸紧在漏斗上。然后将需要过滤的混合物沿着玻璃棒慢慢倒入漏斗中（注意：溶液不要超过漏

接循环水泵

图 1-8 吸滤装置
1—吸滤瓶；2—布氏漏斗；3—胶皮管

斗总容量的 2/3），进行减压过滤。过滤完毕，必须先拔掉吸滤瓶支管处的胶皮管，再关水泵，防止倒吸。

（2）洗涤沉淀

洗涤沉淀前，应先拔掉胶皮管并关闭水泵，然后，加入洗涤液润湿沉淀，让洗涤液慢慢透过全部沉淀。最后，打开水泵并接上胶皮管抽吸、干燥。如沉淀需洗涤多次，则重复以上操作，洗至达到要求为止。

（3）具有强酸性、强碱性或强氧化性溶液的过滤

这些溶液会与滤纸作用，而使滤纸破坏。若过滤后只需要留用溶液，则可用石棉纤维代替滤纸。将石棉纤维在水中浸泡一段时间，搅匀，然后，倾入布氏漏斗内，减压，使它紧贴在漏斗底部，石棉纤维要铺得均匀，不能太厚。过滤操作同减压过滤。过滤后，沉淀和石棉纤维混在一起，只能弃去。

若过滤后要留用的是沉淀，则用玻璃滤器（见 1.8 滤纸、滤器及其应用）代替布氏漏斗（强碱不适用）。过滤操作同减压过滤。

（4）热过滤

当需要除去热、浓溶液中的不溶性杂质，而又不能让溶质析出时，一般采用热过滤。过滤前，把布氏漏斗放在水浴中预热，使热溶液在趁热过滤时，不至于因冷却而在漏斗中析出溶质。

趁热过滤

2. 常压过滤

（1）漏斗的准备：将滤纸轻轻地对折后再对折，然后展开成圆锥体（图 1-9），放入预先洗净的漏斗中。若滤纸圆锥体与漏斗不密合，可改变滤纸折叠的角度，直到与漏斗密合。为了使滤纸三层的那边能紧贴漏斗，常把这三层的外面两层撕去一角。用手指按住滤纸中三层的一边，以少量的水润湿滤纸，使它紧贴在漏斗壁上。轻压滤纸，赶走气泡；加水至滤纸边缘，使之形成水柱（即漏斗颈中充满水）。

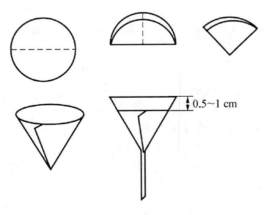

图 1-9　滤纸的折叠和安放

（2）过滤：一般采用倾滗法进行过滤（如图 1-10）。首先过滤上层清液，将沉淀留在烧杯中。倾滗法的主要优点是可以避免沉淀堵塞滤纸小孔，使过

滤较快地进行。倾入溶液时,应让溶液沿着玻璃棒流入漏斗中,玻璃棒直立于漏斗中,下端对着三层厚滤纸一边,并尽可能接近滤纸,但不与滤纸接触。再用倾泻法洗涤沉淀 3～4 次。

(a) 玻璃棒垂直紧靠烧杯嘴,
下端对着滤纸三层的一
边,但不能碰到滤纸

(b) 慢慢扶正烧杯,但杯嘴
仍与玻璃棒贴紧,接住
最后一滴溶液

(c) 玻璃棒远离烧杯
嘴搁放

图 1－10 常压过滤

(三) 离心分离法

少量的沉淀和溶液分离可采用离心分离法。此法简单、方便。元素性质等试管实验中经常采用这种方法把沉淀和溶液分离。将盛有溶液和沉淀的小试管在离心机中离心沉降后,用滴管把清液和沉淀分开。先用手指捏紧橡皮头,排除空气后将滴管轻轻插入清液(切勿在插入溶液以后再捏橡皮头),缓缓放松手,溶液则慢慢进入滴管中,随试管中溶液的减少,将滴管逐渐下移至全部溶液吸入滴管为止。滴管末端接近沉淀时要特别小心,勿使滴管触及沉淀(图 1－11)。

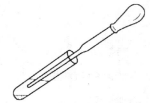

图 1－11 溶液与沉淀
的分离

八、滤纸、滤器及其应用

(一) 滤纸

化学实验中常用的滤纸,有定量滤纸和定性滤纸之分,两者的差别在于灼烧后的灰分质量不同。定量滤纸的灰分很低,故又称无灰滤纸。而定性滤纸灼烧后有相当多的灰分,不适于重量分析。按过滤速度和分离性能不同,又可分为快速、中速和慢速三类。滤纸产品按品质,分为优等品、一等品和合格品,在此只将优等品按国家标准 GB/T 1914-2007 所规定的技术指标列于表 1-4 和表 1-5,应根据沉淀的性质和沉淀的量合理地选用滤纸。

表 1-4 定量滤纸(优等品)技术指标

项　　目	规　　定		
	快速	中速	慢速
	201	202	203
面质量/(g·m⁻²)	80±4.0		
分离性能(沉淀物)	$Fe(OH)_3$	$PbSO_4$	$BaSO_4$(热)
过滤速度/s ≤	35	70	140
耐湿破度(水柱)/mm ≥	130	150	200
灰分/% ≤	0.009		
圆形纸直径/mm	55,70,90,110,125,180,230,270		

表 1-5 定性滤纸(优等品)技术指标

项　　目	规　　定		
	快速	中速	慢速
	101	102	103
面质量/(g·m⁻²)	80±4.0		
分离性能(沉淀物)	$Fe(OH)_3$	$PbSO_4$	$BaSO_4$(热)
过滤速度/s ≤	35	70	140
灰分/% ≤	0.11		
圆形纸直径/mm	55,70,90,110,125,150,180,230,270		
方形纸尺寸/mm	600×600,300×300		

除滤纸外,还可使用一定孔径的金属网或高分子材料制成的网膜进行过滤。这些材料和滤纸一样,用于过滤时,都要和适当的滤器配合使用。

(二)烧结过滤器

这是一类由颗粒状的玻璃、石英、陶瓷、金属等经高温烧结,并具有微孔的过滤器。其中，最常用的是玻璃滤器，它的底部是用玻璃砂在 873 K 左右烧结成的多孔片，故又称玻璃砂芯滤器，有坩埚式和漏斗式两种（图 1-12）。

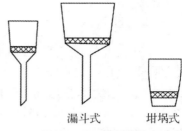

漏斗式　　坩埚式
图 1-12　玻璃滤器

玻璃滤器须配合吸滤瓶使用，如坩埚式滤器可通过特制的橡皮座接在吸滤瓶上，操作同减压过滤。

滤器用过后，应及时清洗，先尽量倒出沉淀，再用适当的洗涤剂（能溶解或分解沉淀）浸泡。不能用去污粉洗涤，也不能用硬物擦划滤片。常见的洗涤剂见表 1-6。

表 1-6　玻璃滤器常用洗涤剂

沉淀物	洗　涤　剂
油脂等有机物	CCl_4 等适当的有机溶剂洗涤，再用洗液洗
氯化亚铜、铁斑	含 $KClO_4$ 的热、浓 HCl
汞渣	热、浓 HNO_3
氯化银	$NH_3 \cdot H_2O$ 或 $Na_2S_2O_3$ 溶液
铝质、硅质残渣	先用 2% HF 洗，再用浓 H_2SO_4 洗涤，随即用水反复清洗
二氧化锰	$HNO_3—H_2O_2$

这类滤器不宜过滤较浓的碱性溶液、热浓磷酸和氢氟酸溶液（会腐蚀玻璃），也不宜过滤浆状沉淀（会堵塞砂芯细孔）、不易溶解的沉淀（因沉淀无法清洗，如二氧化硅）。

九、试纸的使用

（一）试纸的种类

1. 石蕊试纸和酚酞试纸

石蕊试纸有红色和蓝色两种。石蕊试纸、酚酞试纸用来定性检验溶液的酸碱性。

2. pH 试纸

pH 试纸包括广泛 pH 试纸和精密 pH 试纸两类。广泛 pH 试纸的变色范围是 pH＝1～14,只能粗略地估计溶液的酸度。精密 pH 试纸可以较精确地显现溶液的酸度,根据其变色范围还可分为多种型号(例如变色范围为 pH＝3.8～5.4,pH＝8.2～10,等等)。根据待测溶液的酸碱度,可选用某一变色范围的试纸。

3. 淀粉-碘化钾试纸

用来定性检验氧化性气体,如 Cl_2、Br_2 等。当氧化性气体遇到湿的试纸后,则将试纸上的 I^- 氧化成 I_2,I_2 立即与试纸上的淀粉作用,呈现蓝色:

$$2I^- + Cl_2 =\!=\!= 2Cl^- + I_2$$

如果气体氧化性强而且浓度大时,还可以进一步将 I_2 氧化成无色的 IO_3^-,使蓝色褪去:

$$I_2 + 5Cl_2 + 6H_2O =\!=\!= 2HIO_3 + 10HCl$$

可见,使用时必须仔细观察试纸颜色的变化,否则会得出错误的结论。

4. 醋酸铅试纸

用来定性检验硫化氢气体。当含有 S^{2-} 的溶液被酸化时,逸出的硫化氢气体遇到试纸后,即与纸上的醋酸铅反应,生成黑色的硫化铅沉淀,使试纸呈褐黑色、并有金属光泽。

$$Pb(Ac)_2 + H_2S =\!=\!= PbS\downarrow + 2HAc$$

当溶液中 S^{2-} 浓度较小时,则不易检验出。

(二) 试纸的使用

pH 试纸的使用

1. 石蕊试纸和酚酞试纸

用镊子取小块试纸,放在表面皿边缘或滴板上,用玻璃棒将待测溶液搅拌均匀,然后用玻璃棒末端蘸少许溶液接触试纸,观察试纸颜色的变化,确定溶液的酸碱性。切勿将试纸浸入溶液中,以免弄脏溶液。玻璃棒点蘸试纸后,应及时清洗,方能够用于下一次检测。

2. pH 试纸

用法同石蕊试纸。待试纸变色后，与色阶板比较，确定 pH 或 pH 的范围。

3. 淀粉–碘化钾试纸和醋酸铅试纸

将小块试纸用纯水润湿后放在试管口，须注意不要使试纸直接接触溶液。使用试纸时，要注意节约。可以把试纸剪成小块后用于检测，用时不要多取。取用后，马上盖好瓶盖，以免试纸受潮、沾污。

（三）试纸的制备

1. 酚酞试纸（白色）

将 1 g 酚酞溶解在 100 mL 乙醇中，振摇后，加入 100 mL 纯水，将滤纸浸渍后，放在无氨蒸气处晾干。

2. 淀粉–碘化钾试纸（白色）

把 3 g 淀粉和 25 mL 水搅和，倾入 225 mL 沸水中，加入 1 g 碘化钾和 1 g 无水碳酸钠，再用水稀释至 500 mL。将滤纸浸泡后取出，放在无氧化性气体处晾干。

3. 醋酸铅试纸（白色）

将滤纸在 3‰醋酸铅溶液中浸渍后，放在无硫化氢气体处晾干。

十、量器及其使用

滴定管、移液管、容量瓶等，是分析化学实验中测量溶液体积的常用量器。

（一）容量瓶

容量瓶用于配制准确浓度的溶液。瓶身上标明使用的温度和容积，瓶颈上有刻线。容量瓶使用方法如下：

1. 检查瓶塞是否严密

使用前，应检查瓶塞是否与瓶体匹配以及匹配后是否漏水。在瓶中放入自来水到标线附近，盖好塞子，左手按住塞子，右手指

容量瓶

尖顶住瓶底边缘,倒立2 min,观察瓶塞周围是否有水渗出。将瓶直立后,转动瓶塞约180°,再试一次。不漏水的容量瓶方可使用。

2. 洗涤

容量瓶尽可能只用水冲洗,必要时才用洗液浸洗。倒入少量洗液,边转动边将瓶口倾斜,至洗液布满全部内壁。放置几分钟,然后将洗液由上口慢慢倒出,边倒边转,使洗液在流经瓶颈时,布满全颈。最后用自来水冲洗,纯水荡洗3次。

3. 配制溶液

配制溶液时,要先将称好的固体试样溶解在烧杯中,冷至室温后,再完全地转移到容量瓶中。

转移时,要顺着玻璃棒加入,玻璃棒的顶端靠近瓶颈内壁,使溶液顺壁流下(图1-13)。待溶液全部流完后,将烧杯轻轻向上提,同时直立杯口,使附着在玻璃棒和烧杯嘴之间的1滴溶液收回到烧杯中。然后,用洗瓶洗涤玻璃棒、烧杯壁3次,并且每次的洗涤液都要转移到容量瓶中。接着,加纯水到容量瓶容积的2/3,右手拿住瓶颈标线以上部位,直立旋摇容量瓶,使溶液初步混合(此时,切勿加塞并倒立容量瓶)。然后慢慢加水到接近标线1 cm左右,等待1~2 min,再用滴管滴加水到溶液弯月面和标线相切。盖好瓶塞,按图1-14所示将容量瓶倒置摇动,重复几次,使溶液混合均匀。

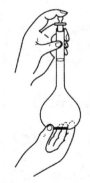

图1-13 溶液的转移   图1-14 容量瓶的拿法

稀释溶液时,则用吸管吸取一定体积的溶液放入瓶中,按上述方法加水至标线并混匀。

(二) 吸量管和移液管

准确移取一定体积的液体时,常使用吸管,吸管包括无分度(又称移液管)

和有分度(又称吸量管)两种。例如,需吸取 5 mL、10 mL、25 mL 等整数体积时,用相应大小的无分度吸管。量取小体积、且不是整数时,一般用有分度吸管。使用时,令液面从某一分度(通常为最高标线)降到另一分度,两分度间的体积刚好等于所需量取的体积。在同一实验中,尽可能使用同一吸管的同一标线段,而且尽可能使用上面部分、不用末端收缩部分。

吸管的使用

使用前,依次用洗液、自来水、纯水洗涤,最后用少量被量液体荡洗 3 次,以保证被吸取的溶液浓度不变。纯水和溶液荡洗的用量由吸管大小决定,无分度吸管以液面上升到球部为限,有分度吸管则以充满全部体积的 1/5 为限。

用吸管吸取溶液时,左手拿洗耳球(预先排除空气),右手拇指及中指拿住标线以上的部位(图 1-15)。将吸管下端至少伸入液面 1 cm,不要伸入太多,以免管口外壁沾附溶液过多;也不要伸入太少,以免液面下降后吸入空气。用洗耳球从吸管上端慢慢吸取溶液,眼睛注意正在上升的液面位置,吸管应随容器中液面下降而降低。当溶液上升到标线以上时,迅速用右手食指紧按上端管口,取出吸管,左手拿住一备用容器(倾斜 30~45°),右手垂直地拿住吸管,使其下尖端靠住容器壁,微微放松食指或缓缓捻动吸管以便放入空气,当液面缓缓下降到与标线相切时,立即紧按食指,使液体不再流出。再把吸管移入准备接收溶液的容器中,仍使其下尖端接触容器壁,保持接收容器倾斜、吸管直立(图 1-16),松起食指,溶液自由沿壁流下。待溶液流尽后,约等 15 s,取出吸管。注意,不要把残留在管尖的液体吹出(除非吸管上注明"吹"字),因为在

图 1-15 吸管吸取溶液

图 1-16 从吸管中放出溶液

校准吸管容积时没有把这部分液体包括在内。

移液器的使用

（三）移液器

移液器又称移液枪，是一种用于定量转移液体的器具，被广泛用于生物、化学等领域。

1. 移液器的结构

一般包括控制按钮、吸头推卸按钮、体积显示窗、套筒、弹性吸嘴、吸头。

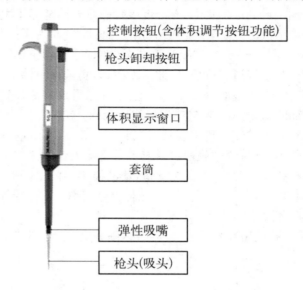

控制按钮(含体积调节按钮功能)

枪头卸却按钮

体积显示窗口

套筒

弹性吸嘴

枪头(吸头)

2. 移液器的工作原理

移液器工作的基本原理是活塞通过弹簧的伸缩运动来实现吸液和放液的。在活塞推动下，排除部分空气，在大气压的作用下吸入液体，再由活塞推动空气排出液体。

3. 移液器的分类

移液器根据使用原理分为两种，一种是空气置换式（或气体活塞式，Air displacement），活塞设计在移液器内部，依靠推动空气来进行吸液和放液，活塞不与液体直接接触。这是实验室最常见的移液器，适用于常规移液操作。另一种是正压式（或外置活塞式，Positive Displacement），活塞设计在吸头内部，直接与液体接触，适用于粘度比较大，或容易产生气泡的液体的操作。也可以适用于高蒸气压的液体。

4. 移液器的使用：

一个完整的移液循环，包括吸头安装、容量设定、预洗吸头、吸液、放液、卸去吸头等六个步骤。每一个步骤都需要遵循操作规范。

（1）吸头安装：正确的安装方法叫旋转安装法，具体的做法是，把白套筒顶端插入吸头，在轻轻用力下压的同时，把手中的移液器按逆时针方向旋转180度。切记用力不能过猛，更不能采取剁吸头的方法来进行安装，以免对移液器造成不必要的损伤。

（2）容量设定：正确的容量设定分为两个步骤，一是粗调，即通过排放按钮将容量值迅速调整至接近预想值；二是细调，当容量值接近预想值以后，应将移液器横置，水平放至在眼前，通过调节轮慢慢地将容量值调至预想值，从而避免视觉误差所造成的影响。

在容量设定时，还需要特别注意的是，当从大值调整到小值时，刚好就行；但从小值调整到大值时，需要调超三分之一圈后再返回，这是因为计数器里面有一定的空隙，需要弥补。

（3）预洗吸头：当安装了新的吸头或增大了容量值以后，应该把需要转移的液体吸取、排放两到三次，让吸头内壁形成一道同质液膜，确保移液工作的精度和准度，使整个移液过程具有极高的重现性。其次，在吸取有机溶剂或高挥发液体时，挥发性气体会在白套筒室内形成负压，从而产生漏液的情况，此时需要预洗四到六次，让白套筒室内的气体达到饱和，负压就会自动消失。

（4）吸液：先将移液器排放按钮按至第一停点，再将吸头垂直浸入液面，浸入的深度为：P2、P10 小于或等于 1 mm，P20、P100、P200 小于或等于 2 mm，P1 000 小于或等于 3 mm，P5ML、P10ML 小于或等于 4 mm（浸入过深的话，液压会对吸液的精确度产生一定的影响，当然，具体的浸入深度还应根据盛放液体的容器大小灵活掌握），平稳松开按钮，切记不能过快。

（5）放液：放液时，吸头紧贴容器壁并保持 10～40 度倾斜，平稳地把按钮压到一档，略停后，二档排出剩余液体；排放致密或黏稠液体时，停留时间稍长一些。压住按钮，同时提起移液器，使吸嘴贴容器壁擦过。松开按钮。

（6）卸掉吸头：稍用力下按吸液头推出器即可卸掉吸液头。如吸液头安装过紧，则可用手卸除，将吸液头丢弃到合适的废物收集器中。按弹射器除去移液嘴（如吸取不同液体，必须更换吸头，防止交叉污染）。

5. 移液的方法

（1）正向移液法：用大拇指将移液器按钮按到第一档，吸头浸入液体几毫米，然后慢慢松开按钮回原点，液体进入吸头。接着将按钮按至第一档排出液体，稍停片刻继续按按钮至第二档吹出残余的液体。最后松开按钮。

（2）反向移液法：此法一般用于转移高粘液体、生物活性液体、易起泡液体或极微量的液体，其原理就是先吸入多于设置量程的液体，转移液体的时候不用吹出残余的液体。将移液器按钮按到第二档，吸头浸入液体3～4 mm，慢慢松开按钮至原点，液体进入吸头。接着将按钮按到第一档排出设置好量程的液体，稍停片刻，取下有残留液体的枪头，弃之。

6. 移液器的维护

（1）设定的移液量不得超过其标称的容量范围，以免损坏移液器。

（2）移液器吸液后严禁倒置、平放，以免溶液流入内腔，损坏活塞。

（3）移液器使用前，观察排放杆是否有弯曲；按动排放按钮，感觉是否顺畅。

（4）移液器不用时，应在专用支架上竖直放置。

（5）液器长时间不用时，将刻度调至最大量程，让弹簧恢复原形，延长移液器的使用寿命。

（6）保持移液器外表面的清洁。当液体接触移液器时，可用75％酒精进行擦拭。

（7）定期清洗移液器，可以用肥皂水或60％的异丙醇清洗，再用蒸馏水清洗，自然晾干。

7. 移液器的校准

按照国标，移液器的校准采用"三点测试（最大量程的100％，50％和10％），每点六次"的规则，而供应商通常会选择两种规则：一是简易校准，也就是两点测试（最大量程的100％和10％），每点四次；二是严格校准，也就是三点测试（最大量程的100％，50％和10％），每点十次。使用者根据自己的实际需求选择一种规则完成测试后即进入计算环节。根据平均值与实际值间的绝对差值进行调节，用工具来拧弹簧卡扣的松紧。

（1）温度要求：移液器校准时必须在室温条件（25±2℃）下进行。

（2）将移液器调至拟定校准体积，选择合适的吸头。

（3）万分之一天平上放置一个小烧杯。

（4）来回吸吹蒸馏水 3 次，使吸头湿润，纱布拭干。

（5）移液器垂直，吸头浸入液面 2～3 mm 处，缓慢地吸取蒸馏水。

（6）将吸头离开液面，去掉外部的液体。

（7）以 30 度放入称量杯中，缓慢地将移液器压到第 1 档，等待 1 s～3 s，再压到第 2 档，使吸头里的液体完全排出，记录称量值。

（8）擦干吸头表面，按上述操作称量 10 次，以均值作为最后移液器的蒸馏水质量，根据当时条件下蒸馏水的密度计算体积，然后按校准结果调节移液器。

10 次标定称量均在要求的质量范围内为合格，贴上合格标签，注明标定日期，不合格移液器要请生产厂家进行校准，填写校准记录。

（四）滴定管

传统滴定管分酸式和碱式两种。酸式滴定管下端有一玻璃旋塞；碱式滴定管下端用乳胶管连接一段一端有细嘴的玻璃管，乳胶管内装有玻璃珠，以代替旋塞。除了碱性溶液装在碱式滴定管中使用，其他溶液都使用酸式滴定管。

现在广泛使用的滴定管，其旋塞是用四氟乙烯做的，既可用于盛装酸液、也可用于盛装碱液。

1. 滴定管的洗涤

酸式＋碱式
滴定管的使用

当滴定管没有明显污染时，可以直接用自来水冲洗，较脏时用洗液清洗。洗涤酸管时，要预先关闭旋塞，倒入洗液后，一手拿住滴定管上端无刻度部位，另一手拿住旋塞上部无刻度部位，边转动边将管口倾斜，使洗液流经全管内壁，然后，将滴定管竖起，打开旋塞使洗液从下端放回原洗液瓶中。洗涤传统碱管时，应先去掉下端的乳胶管和细嘴玻璃管，接上一小段塞有玻璃棒的橡皮管，再按上法洗涤。洗液洗涤后，需用自来水充分洗涤，然后检查滴定管是否洗净，滴定管的外壁亦应保持清洁。

用自来水洗涤后，应检查滴定管是否漏水：先关闭旋塞，装水至"0"线以上，直立约 2 min，仔细观察有无水滴滴下，然后将旋塞转 180°，再直立 2 min，观察有无水滴滴下。对于传统碱式滴定管，装水后直立 2 min，观察是否漏水即可。

用自来水冲洗以后，再用纯水洗涤 3 次，每次 10 mL。每次加入纯水后，须边转动边将管口倾斜，使水布满全管内壁；然后将滴定管竖起，打开旋塞，使水流出一部分以冲洗滴定管的下端，关闭旋塞，将其余的水从上口倒出。对于传统碱式滴定管，从下面放水洗涤时，须用拇指和食指轻轻往一边挤压（或捻起）玻璃球外面的乳胶管，并随放随转，将残留的自来水全部洗出。

最后，必须用操作溶液（标定液）洗涤 3 次，每次用量为 10 mL，其洗法同纯水荡洗。

2. 滴定管下端气泡的清除

当操作溶液装入滴定管后,如果下端留有气泡或有未充满的部分,可用下法处理:用右手拿住滴定管上部无刻度处,将滴定管倾斜30°,左手迅速打开旋塞使溶液冲出(下接一个烧杯),从而使溶液布满滴定管下端。对于传统碱管,则把乳胶管向上弯曲(图1-17),用两指挤压稍高于玻璃球所在处,使溶液从管尖喷出,这时一边仍挤压乳胶管,一边把乳胶管放直,等到乳胶管放直后,再松开手指,否则末端仍会有气泡。

图 1 - 17　碱管赶去气泡的方法

3. 读数

把滴定管固定于滴定管夹上,并保持垂直(或用右手拿住滴定管上部无刻度处,让其自然下垂),否则会造成读数误差。放置一小烧杯在滴定管下,按操作法以左手轻轻打开滴定管的旋塞,使液面下降到 0.00～1.00 mL 范围内的某一刻度为止,等待 1～2 min 后,检查液面有无改变,如果没有改变,则记下读数,作为滴定管的"初读"。

读数时应遵守下列规则:

(1) 装满溶液或放出溶液后,必须等待 1～2 min,使附着在内壁上的溶液充分流下后再取读数。当放出溶液相当慢时,例如滴定到最后阶段(滴定终点),标准溶液每次只加 1 滴,则等 0.5～1 min 即可。

(2) 读数时,对于无色或浅色溶液,视线应在弯月面的最低点处,而且要与液面成水平。若溶液颜色太深,不能观察到弯月面时,可读两侧最高点。初读数与终读数应取同一标准。

(3) 读数必须读到小数后第二位,要求估计到 0.01。

(4) 为了读数方便,可在滴定管后面衬一读数卡。读数卡可用一张黑纸或涂有一黑长方形的白纸,手持读数卡放在滴定管背后,使黑色部分在弯月面下约 1 mm 左右,即看到弯月面的反射层成为黑色,读此黑色弯月面的最低点。

4. 滴定

通常把滴定管固定在滴定管夹的右边,旋塞柄向外。滴定开始前,先将悬挂在滴定管尖端处的液滴除去,记下初读数。然后将滴定管下端伸入烧杯上沿以下 1 cm,左手操纵旋塞(图 1 - 18),使滴定液逐滴滴入,右手持玻璃棒搅拌溶液。如在锥形瓶内进行滴定(图 1 - 19),则滴定管下端伸入瓶口约 1 cm,瓶底离下面白瓷板(或黑色瓷板)2～3 cm。左手操作滴定管,右手前三指拿住瓶颈,随滴随摇(以同一方向做圆周运动)。在整个滴定过程中,左手始终不能离开旋塞。在滴定时必须熟练掌握转动旋塞的方法,须根据不同的滴速需要,控制转动旋塞的速度和程度,以达到既能使标定液逐滴滴入,也能只滴加 1 滴就能立即关闭旋塞,或使液滴悬而未落为准。

使用传统碱式滴定管时,左手拇指和食指拿住乳胶管中玻璃珠所在稍上部位,向右或向左挤乳胶管(图 1 - 20),以在玻璃珠旁边形成空隙,让溶液从空隙流出。但要注意,不能使玻璃珠上下移动,更不要按玻璃珠以下的地方,这些错误操作,可能会改变玻璃珠以下部分乳胶管容积,待松开手指时,即有空气进入而形成气泡。

图 1 - 18　左手操纵旋塞　　　图 1 - 19　滴定　　　图 1 - 20　操纵碱式滴定管

无论用哪种滴定管,都必须熟练掌握三种加液方法:① 逐滴滴加;② 加 1 滴;③ 加半滴。

滴定过程中,须注意观察滴落点的溶液颜色变化。通常在滴定开始时,由于离终点很远,滴下时溶液无明显变化,但随着滴定剂的持续加入,滴落点周围溶液会出现短暂的颜色变化。在离滴定终点还比较远时,颜色变化一般稍显即逝;随着滴定终点越来越近,颜色变化(消失)渐慢;快到滴定终点时,颜色甚至可以暂时扩散到全部溶液,搅拌或转动 1～2 次后才完全消失,此时应改为每加 1 滴,搅拌或摇几下。接近终点时,用洗瓶冲洗烧杯或锥形瓶内壁(包括搅拌用的玻璃棒),把壁上的溶液洗下。在滴定的最后阶段,仅能微微转动旋塞,使溶液悬在管尖上形成半滴但未落下,用玻璃棒靠下(或靠在滴定容器壁上,再用洗瓶洗下),并搅拌溶液或摇动锥形瓶。如此重复,直到出现达到终点时应有的颜色且不再消失为止。

实验完毕后,倒出滴定管内剩余溶液,用自来水冲洗干净,再用纯水荡洗 3 次,放置备用。

第二章　分析天平和光、电仪器的使用

一、分析天平及其使用

分析天平是进行精确称量的精密仪器,是化学实验室中最重要、最常用的仪器之一。习惯上将具有较高灵敏度、全载不超过 200 g 的天平称为分析天平。

1. 分析天平简介

根据天平的结构特点,可分成等臂(双盘)天平、不等臂(单盘)天平和电子天平三大类,它们的载荷一般为 100～200 g。目前,实验室常用电子天平,其中常量分析天平感量为 0.1 mg,也称之为"万分之一"天平。图 2-1 是 BS 系

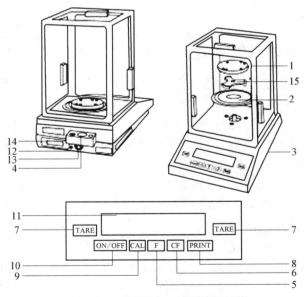

图 2-1　BS 系列电子天平外形结构

1—称盘;2—屏蔽杯;3—地脚螺栓;4—水平仪;5—功能键;6—CF 消除键;7—去皮键;8—打印键(数据输出);9—校正键;10—开关键;11—显示窗;12—菜单-去连锁开关;13—电源接口;14—数据接口;15—称盘支架

列电子天平的外形结构。

电子天平是最新一代的天平,它利用电子装置完成电磁力补偿的调节,使物体在重力场中实现力的平衡;或通过电磁力矩的调节,使物体在重力场中实现力矩的平衡。常见电子天平的结构都是机电结合式的,由载荷接受与传递装置、测量与补偿装置等部件组成。可分成顶部承载式和底部承载式两类,常见的大多数是顶部承载式的上皿天平。从天平的校准方法来分,则有内校式和外校式两种。前者以标准砝码预装在天平内,启动校准键后,可自动加码进行校准;后者,则需人工取拿标准砝码放到秤盘上进行校正。尽管电子天平种类繁多,但其使用方法大同小异,具体操作可参看使用说明书。

2. 电子天平的使用方法

（1）调水平:天平开机前,应观察天平后部水平仪。如果水平仪内的水泡偏移,需调节水平调节脚,使水泡位于水平仪中心。

电子天平
的使用

（2）预热:接通电源,预热至规定时间后,开启显示器进行操作。天平在初次接通电源或长时间断电后开机时,至少需要 30 分钟的预热时间。因此,实验室电子天平在通常情况下,不要经常切断电源。

（3）开启显示器:轻按 ON/OFF 键,显示器全亮,约 2 s 后,显示天平的型号,然后,显示称量模式 0.000 0 g。读数时应关上天平门。

（4）校准:首次使用电子天平,必须进行校准。按校正键"CAL",天平将显示所需校正砝码质量,放上砝码直至出现"g",校正结束。

（5）称量:按"TAR"键,显示器显示零后,将称量物轻放在秤盘上,显示器上数字不断变化,待数字稳定并出现质量单位"g"后,即可读数并记录称量结果。此时,显示器的读数就是被称量物的净质量。将天平上的所有物品移开后,天平显示负值,按"TAR"键,天平显示 0.000 0 g。

（6）去皮称量:按"TAR"键清零后,将容器置于天平盘上,显示器显示容器质量读数,再按"TAR"键,显示器显示零,即去除皮重。将被称量物质置于容器内,或将其逐步加入容器内直到所需称量的质量,待显示器数字稳定并出现质量单位"g"后,即可读数。

（7）称量结束后,若较短时间内还需使用天平,通常不用按"OFF"键关闭显示器。实验全部结束后,关闭显示器,切断电源。若短时间内（如 2 h 内）还需使用天平,可不必切断电源,再用时即可省去预热时间。

3. 称量方法

根据试样的不同性质和分析工作中的不同要求,可分别采用直接称量法

(简称直接法)、指定质量(固定样)称量法、差减称量法(也称相减法)和减量法进行称量。

(1) 直接称量法:天平零点调定后,将称量物直接放在天平盘上,关上天平门,此时,显示屏上的数字不断变化,待数字稳定后即可读数,记录称量物的质量。此称量方法适用于称量洁净、干燥的器皿或棒状、块状的金属等。注意不可用手直接取放称量物,可采用戴手套、垫纸条、使用镊子等适宜的方法取放称量物。

(2) 指定质量称量法:又称增量法,称量速度较慢,适于称量不易吸潮、在空气中稳定的粉末或颗粒小于 0.1 mg 的样品。称量时,将一块硫酸纸(称量纸)置于天平盘上,显示屏显示硫酸纸的质量后,按"TAR"键,此时显示屏上显示零。手持盛试样的骨匙,小心地伸向硫酸纸的近上方,以手指轻击匙柄,将试样抖入,让匙里的试样以尽可能少的量慢慢抖入硫酸纸为宜(图 2-2)。操作过程中,既要注意试样抖入量,也要注意天平的读数,当读数正好到所需要量时,立即停止抖入试样,随即进行数据记录。若不慎多加试样,可用骨匙取出多余的试样(不要放回原试样瓶中)。称量结束后,将试样全部转移到接受容器内。

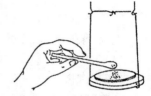

图 2-2　指定质量称量法

(3) 差减称量法(相减法):如果试样是粉末或易吸湿的物质,则需把试样装在称量瓶内称量。倒出一份试样前后称量瓶(包括瓶内物质)整体的质量之差,即为该份试样的质量。

称量时,用纸条叠成宽度适中的两、三层纸带,毛边朝下套在称量瓶上(图 2-3)。左手拇指与食指拿住纸条,由天平的左门放在天平秤盘的正中,取下纸带,称出瓶和试样的总质量。然后,左手仍用纸带把称量瓶从盘上取下,悬停在接受容器上方;右手用另一小纸片衬垫打开瓶盖,但勿使瓶盖离开容器上方;慢慢倾斜瓶身至接近水平,瓶底略低于瓶口(切勿使瓶底高于瓶口),以防试样冲出。此时,原在瓶底的试样慢慢下移至接近瓶口。将称量瓶口悬停在离容器上方约 1 cm 处,用瓶盖轻轻敲击瓶口上部,使试样落入接受容器内(图 2-4)。倒出一定试样后,把称量瓶轻轻竖起,同时用瓶盖敲打瓶口上部,使粘在瓶口的试样受震落下(落入称量瓶或落入接受容器,所以倒出试样的操作必须在容器口正上方进行)。盖好瓶盖,仍以纸带持放回天平盘上,称出总质量。两次总质量之差,即为倒出的试样质量。若不慎倒出的试样超过了所需的量,则应弃之重称。如果接受的容器口较小(如锥形瓶等),也可以在瓶口上放一只洗净的小漏斗,将试样倒入漏斗内,待称好试样后,用少量纯水将试样洗入容器内。

图 2-3　称量瓶拿法　　图 2-4　从称量瓶中敲出试样的操作

（4）减量法：称出称量瓶（装有试样）的总质量后，按除皮键"TAR"，取出称量瓶，向接受容器中敲出一定量的试样（倒出试样的方法及注意事项，与差减称量法相同），再将称量瓶放在天平上称量。如果所示质量（前有"－"号）达到要求范围，即可记录数据。再按"TAR"键，称取第二份试样。

3. 使用电子天平的注意事项

（1）电子天平自重较轻，容易被碰撞移位，造成不水平，从而影响称量结果。所以在使用时要特别注意，动作要轻、缓，并要经常查看水平仪。

（2）称量者面对天平正中端坐，只能用指定的天平完成一次实验的全部称量，中途不能更换天平。

（3）称量物只能由边门取放，称量物的总质量不能超过天平的称量范围，外形尺寸也不宜过大。

（4）粉末状、潮湿、有腐蚀性的物质绝对不能直接放在秤盘上，必须用干燥、洁净的容器（称量瓶、坩埚等）盛好，才能称量。

（5）对于过冷或过热的被称量物，应置于干燥器内，直至其温度同天平室温度一致后方可称量。

（6）要保持天平称量室的清洁，一旦物品撒落应及时小心清除干净。

（7）读数时，应关闭天平门。

（8）称量结束后，应及时对天平进行还原，并在天平使用记录本上登记。

二、pH 计的使用

pH 计（又称酸度计）是测定溶液 pH 的常用仪器。它的型号有多种，结构虽有不同，但基本上由电极和电位计两大部分组成，电极是 pH 计的检测部分，电位计是指示部分。

1. 基本原理

pH 计是用电势法来测量 pH 的。pH 计的两个工作电极与待测溶液组成原电池,其中一个电极的电势固定不变,称参比电极,常用饱和甘汞电极、银-氯化银电极;另一电极的电势随待测溶液 pH 而变,称指示电极,用玻璃电极。测定原电池的电动势就可知道指示电极的电势,进而求算待测溶液的 pH。

2. pH 计的结构

pH 计的结构包括复合电极和电流计。复合电极也就是我们所说的指示电极和参比电极,一般来说 pH 计的指示电极都是玻璃电极。玻璃电极的功能是对溶液内的氢离子敏感,以氢离子的变化而反映出电位差。参比电极的作用是提供恒定的电位,作为偏离电位的参照。pH 计的部件中,电流计是用于测量整体电位的,它能在电阻极大的电路中捕捉到微小的电位变化,并将这个变化通过电表表现出来。为了方便读数,pH 计都有显示功能,就是将电流计的输出信号转换成了 pH 读数。

梅特勒 EL20 的按键面板说明如图 2-5 所示。

EL20 仪表按键说明	短按 👆	长按3秒 👆 3 sec.
读数 /A	- 读数 - 确认设置	- 设置终点方式
校准	- 校准	- 校准数据回显
退出	- 退出 - 开机	- 关机
设置	- 设置 - 向上键选择数值	
模式	- 向下键选择数值	

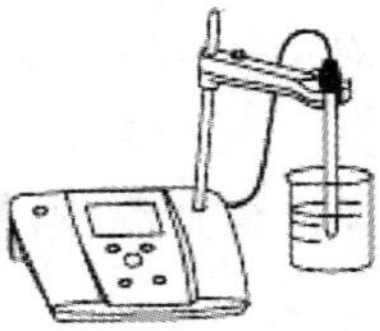

图 2-5 梅特勒 EL20 仪器按键说明

液晶面板显示状态如图 2-6 所示。

图 2-6 液晶面板显示状态说明

1—电极状态；2—电极校准图标；3—电极测量图标；4—参数
设置；5—电极斜率或 pH/mV 读数；6—MTC 手动/ATC 自动温
度补偿；7—读数稳定图标/自动终点图标；8—测量过程中的温度
或校准过程中的零点值；9—错误索引/校准点/缓冲液组

3. pH 计的使用

pH 计的使用

（1）接通电源，短按"退出"键打开 pH 计预热。

（2）设置温度、选择缓冲液组：

按"设置"键，首先显示温度跳动，此时可以分别按设置和模式
键，升高或者降低温度。按下"设置"键后，再按"读数"键，显示出跳动的缓冲
组，右下角显示组序号，pH 处显示此缓冲组中各 pH。

（3）清洗电极，用蒸馏水清洗电极三次以上。

（4）校准采用两点法校准（一点和三点校准类推）：

① 冲洗电极后，将电极放入混合磷酸盐缓冲液中，并按"校准"键开始校
准，此时显示屏右下角显示"cal 1"，校准和测量图标将同时显示。在信号稳定
后仪表会根据预选缓冲组的 pH 设置终点（即自动调整 pH 为预置的缓冲组的
缓冲值），此时显示的 pH 旁边的 A 变为 $\sqrt{A}$。

② 冲洗电极后，将电极放入硼砂（校碱）或邻苯二甲酸氢钾（校酸）缓冲液
中，并按"校准"键开始校准，此时显示屏右下角显示"cal 2"，在信号稳定后仪
表根据预选终点方式终点，此时显示的 pH 旁边的 A 变为 $\sqrt{A}$。

按"读数"键后，仪表显示零点和斜率，同时保存校准数据，然后自动退回
到测量画面。此时校准完成。

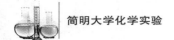

（5）测量

① 用蒸馏水冲洗电极三次以上之后将电极插入事先准备好的待测液中，确保电极处于液面以下。

② 短按"读数/确认"键，观察显示器左上角，pH 旁边的 A 变为 $\sqrt{A}$ 时测量结束。

③ 记录示数后，将电极取出，用蒸馏水冲洗三次以上。如需重测，请重复①②操作。

（6）结束

结束以后用蒸馏水冲洗电极三次以上，之后把电极插入保护瓶。长按"退出"键关机，拔掉电源，放回原处。

4. pH 计的使用注意事项

（1）一般情况下，仪器在连续使用时，每天要标定一次，一般在 24 小时内仪器不需再标定。

（2）标定的缓冲溶液一般第一次用 pH＝6.86 的溶液，第二次用接近被测溶液 pH 的缓冲液，如被测溶液为酸性时，缓冲液应选 pH＝4.00；如被测溶液为碱性时则选 pH＝9.18 的缓冲液。

（3）pH 复合电极插入被测溶液后，要搅拌晃动几下再静止放置，这样会加快电极的响应。

（4）在黏稠性试样中测试之后，电极必须用去离子水反复冲洗多次，以除去粘附在玻璃膜上的试样。有时还需先用其他溶液洗去试样，再用水洗去溶剂，浸入浸泡液中活化。

（5）避免接触强酸强碱或腐蚀性溶液，如果测试此类溶液，应尽量减少浸入时间，用后仔细清洗干净；避免在无水乙醇、浓硫酸等脱水性介质中使用。

（6）电极切忌浸泡在蒸馏水中。

（7）保持电极球泡的湿润，如果发现干枯，在使用前应在 $3 \ mol \cdot L^{-1}$ 氯化钾溶液或微酸性的溶液中浸泡几小时，以降低电极的不对称电位。

三、分光光度计的使用

分光光度计的型号较多，如 722 型、752 型、7200 型等，这里介绍实验室常用的 7200 型可见分光光度计。

1. 基本原理

分光光度计是目前化验室中使用比较广泛的一种分析仪器,其测定原理是利用物质对光的选择性吸收特性,以较纯的单色光作为入射光,测定物质对光的吸收,从而确定溶液中物质的含量。其特点是灵敏度高,准确度高,测量范围广,在一定条件下,可同时测定水样中两种或两种以上的物质组分含量等。

仪器是根据相对测量原理工作的,即选定某一溶剂(蒸馏水、空气或试样)作为参比溶液,并设定它的透射比(即透过率 T)为 100%,而被测试样的透射比是相对于该参比溶液而得到的。透射比(透过率 T)的变化和被测物质的浓度有一定函数关系,在一定的范围内,它符合朗伯-比耳定律。

$$T = I_t/I_0$$
$$A = klc = -\log I_t/I_0$$

式中,T 为透射比,A 为吸光度,c 为溶液浓度,k 为溶液的吸光系数,l 为液层在光路中的长度,I_t 为光透过被测试样后照射到光电转换器上的强度,I_0 为光透过参比测试样后照射到光电转换器上的强度。

2. 7200 型可见分光光度计的外形及操作键

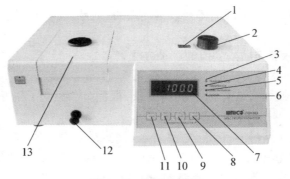

分光光度
计的使用

图 2-7 仪器外形图

1—波长刻度窗;2—波长手轮;3—透射比指示灯;4—吸光度指示灯;5—浓度因子指示灯;6—浓度直读指示灯;7—显示窗;8—参数输出打印键(PRINT/Ent);9—%T 设置键;10—0ABS/100.0%T 设置键;11—测试方式选择键(MODE);12—试样槽架拉杆;13—试样室

3. 仪器的使用

7200 型分光光度计有透射比、吸光度、已知标准样品的浓度值或斜率测量样品浓度等测量方式,可根据需要选择合适的测量方式。在开机前,需先确认仪器样品室内是否有物品挡在光路上,光路上有阻挡物将影响仪器自检甚至造成仪器故障。无论选用何种测量方式,都必须遵循以下基本操作步骤:

(1) 连接仪器电源线,确保仪器供电电源有良好的接地性能。

(2) 接通电源,使仪器预热 20 分钟(不包括仪器自检时间)。

(3) 用〈MODE〉键设置测试方式:透射比(T),吸光度(A),已知标准样品浓度值方式(C)和已知标准样品斜率(F)方式。

(4) 用波长选择旋钮设置所需的分析波长。

(5) 将参比样品溶液和被测样品溶液分别倒入比色皿中,打开样品室盖,将盛有溶液的比色皿分别插入比色皿槽中,盖上样品室盖。一般情况下,参比样品放在第一个槽位中。仪器所附的比色皿,其透射比是经过配对测试的,未经配对处理的比色皿将影响样品的测试精度。比色皿透光部分表面不能有指印、溶液痕迹,被测溶液中不能有气泡、悬浮物,否则也将影响样品测试的精度。

(6) 将%T校具(黑体)置入光路中,在 T 方式下按"%T"键,此时显示器显示"000.0"。

(7) 将参比样品推(拉)入光路中,按"$0A/100\%T$"键调 $0A/100\%T$,此时显示器显示的"BLA",直至显示"100.0"%T 或"0.000"A 为止。

(8) 当仪器显示器显示出"100.0"%T 或"0.000"A 后,将被测样品推(拉)入光路,这时,可从显示器上得到被测样品的透射比或吸光度值。

样品浓度的测量方法:

(1) 已知标准样品浓度值的测量方法

a. 用〈MODE〉键将测试方式设置至 A(吸光度)状态。

b. 用波长旋钮设置样品的分析波长,根据分析规程,每当分析波长改变时,必须重新调整 $0A/100\%T$ 和 $0\%T$。

c. 将参比样品溶液、标准样品溶液和被测样品溶液分别倒入比色皿中,打开样品室盖,将盛有溶液的比色皿分别插入比色皿槽中,盖上样品室盖。

d. 将参比样品推(拉)入光路中,按"$0A/100\%T$"键调 $0A/100\%T$,此时显示器显示的"BLA",直至显示"0.000"A 为止。

e. 用〈MODE〉键将测试方式设置至 C 状态。

f. 将标准样品推(或拉)入光路中。

g. 按"INC"或"DEC"键将已知的标准样品浓度值输入仪器,当显示器显示样品浓度值时,按"ENT"键。浓度值只能输入整数值,设定范围为 $0\sim1\ 999$(注意:若标样浓度值与它的吸光度的比值大于 $1\ 999$ 时,将超出仪器测量范围,此时无法得到正确结果。比如标准溶液浓度为 150,其吸光度 0.065,二者之比为

150/0.065＝2 308,已大于 1 999。这时可将标样浓度值除以 10 后输入,即输入 15 后进行测试。只是在下面第 h 步测得的浓度值需要乘以十扩大十倍)。

　　h. 将被测样品依次推(或拉)入光路,这时,可从显示器上分别得到被测样品的浓度值。

　　(2) 已知标准样品浓度斜率(K 值)的测量方法

　　a. 用＜MODE＞键将测试方式设置至 A(吸光度)状态。

　　b. 用波长旋钮设置样品的分析波长,根据分析规程,每当分析波长改变时,必须重新调整 0A/100％T 和 0％T。

　　c. 将参比样品溶液和被测样品溶液分别倒入比色皿中,打开样品室盖,将盛有溶液的比色皿分别插入比色皿槽中,盖上样品室盖。

　　d. 将参比样品推(拉)入光路中,按"0A/100％T"键调 0A/100％T,此时显示器显示的"BLA",直至显示"0.000"A 为止。

　　e. 用〈MODE〉键将测试方式设置至 F 状态。

　　f. 按"INC"或"DEC"键输入已知的标准样品斜率值,当显示器显示标准样品斜率时,按"ENT"键。这时,测试方式指示灯自动指向"C",斜率只能输入整数值。

　　g. 将被测样品依次推(或拉)入光路,这时,便可从显示器上分别得到被测样品的浓度值。

四、电导率仪的使用

电导率仪的使用

　　1. 基本概念

导体导电能力的大小常以电阻(R)或电导(G)表示,电导是电阻的倒数:

$$G = \frac{1}{R} \qquad\qquad (2-1)$$

电阻、电导的 SI 单位分别是欧姆(Ω)、西门子(S),显然 $1\,S = 1\,\Omega^{-1}$。

导体的电阻与其长度(L)成正比,而与其截面积(A)成反比:

$$R \propto \frac{L}{A} \quad R = \rho \frac{L}{A}$$

式中,ρ 为比例常数,称电阻率或比电阻。根据电导与电阻的关系,容易得出:

$$G = \kappa \frac{A}{L} \ \text{或} \ \kappa = G \frac{L}{A} \qquad\qquad (2-2)$$

式中,κ 为电导率,是长 1 m、截面积为 1 m^2 导体的电导,SI 单位是西门子每米,用符号 S·m^{-1} 表示。对于电解质溶液来说,电导率是电极面积为 1 m^2,且两极相距 1 m 时溶液的电导。

电解质溶液的摩尔电导率(Λ_m)是指把含有 1 mol 电解质溶的液置于相距为 1 m 的两个电极之间的电导。溶液的浓度为 c,通常用 mol·L^{-1} 表示,则含有 1 mol 电解质溶液的体积为 $1/c$ L 或 $1/c \times 10^{-3}$ m^3,此时溶液的摩尔电导率等于电导率和溶液体积的乘积:

$$\Lambda_m = \kappa \times \frac{10^{-3}}{c} \tag{2-3}$$

摩尔电导率的单位是 S·m^2·mol^{-1}。摩尔电导率的数值通常是测定溶液的电导率,用上式计算得到。

测定电导率的方法是用两个电极插入溶液,测出两极间的电阻 R_x。对于一个电极而言,电极面积 A 与间距 L 都是固定不变的,因此 L/A 是常数,称电极常数,以 Q 表示。根据式(2-1)和式(2-2)得:

$$\kappa = \frac{Q}{R_x} \tag{2-4}$$

由于电导的单位西门子太大,常用毫西门子(mS)、微西门子(μS)表示。它们间的关系是 1 S$=10^3$ mS$=10^6$ μS。

2. 基本原理

由图 2-8 可知:

$$V_m = \frac{VR_m}{R_m + R_x} = \frac{VR_m}{R_m + (Q/\kappa)} \tag{2-5}$$

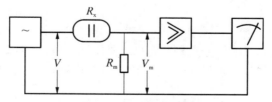

图 2-8 测量原理图

式中,R_x 为液体电阻;R_m 为分压电阻。

由式(2-5)可见,当 V、R_m 和 Q 均为常数时,电导率 κ 的变化必将引起 V_m 作相应的变化,所以测量 V_m 的大小,也就测得溶液电导率的数值。

3. 电导率仪的结构

(1) 梅特勒 EL30 型电导率仪面板说明如图 2-9 所示。

EL30
仪表按键说明

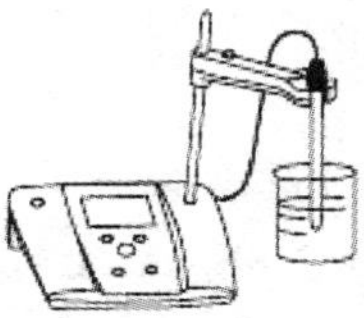

	短按 👆	长按3秒 👆 3 sec.
读数 /A	- 读数 - 确认设置	- 设置终点方式
校准	- 校准	- 校准数据回显
⏻ 退出	- 退出 - 开机	- 关机
⌃ 设置	- 设置 - 向上键选择数值	
⌄ 模式	- 向下键选择数值	

图 2-9　仪器按键说明

(2) 液晶面板显示状态如图 2-10 所示。

注:若将温度探头拔出,仪器则认为温度为 25.0 ℃,此时仪器所显示的电导率值是未经温度补偿的绝对电导率值。

图 2-10　液晶面板显示状态说明

1—电极校准图标;2—电极测量图标;3—参数设置;4—电导率/电池常数;5—自动温度补偿;6—稳定图标/自动终点图标;7.参比温度设置/温度读数;8.错误索引/电导标准液

4. 电导率仪的使用

（1）接通电源

（2）仪器设置

① 按"设置"键，依次设置温度补偿系数、参比温度及标准溶液数值。

② 待调节参数开始闪烁时，使用▲或▼键来选择需要的系数，并按"读数"键确认。

③ 所有参数设置完成后按"退出"键，仪器退回到测量画面。

④ 仪器内置的标准溶液：梅特勒－托利多标准液组84 $\mu S/cm$，1 413 $\mu S/cm$，12.88 mS/cm。

（3）校准

① 将电导电极放入相应的标准溶液中，按"校准"键开始校准。默认状态下，电导率仪将自动到达校准终点。

② 如需手动终点判断，按"读数"键，仪表显示屏锁定并显现电极常数3秒。

③ 然后返回样品测量状态。

注意：为了确保精确的电导率读数，应定期用标准溶液校准电导电极，应使用在有效期内的标准溶液。

5. 样品测量

将电极放入待测样品中，然后按"读数"键开始测量，测量时小数点在闪动。显示屏显示样品的电导率值。仪器默认的测量终点方式是自动终点判断方式（屏幕上有 A 图标显示），当结果稳定后，测量停止，小数点不再闪动，同时 $\sqrt{A}$ 显示在屏幕上。

按住"读数"键，可以在自动和手动测量终点判断方式之间切换，在手动终点判断方式下，可以按"读数"键终止测量。此时小数点不再闪动，同时 $\sqrt{}$ 显示在屏幕上。

第三章　实验结果的表示

　　化学是一门实验科学,有时候需要进行定量的测定,然后由测得的数据,经过计算和分析得出结果。化学分析结果是否可靠,在某些行业和某些情形下是一个很重要的问题,不准确的结果往往会导致错误结论。

　　但是,在测定过程中,即便是熟练的技术人员,当采用同一方法、对同一试样进行多次测定时,也可能得不到完全一致的结果,也就是说,分析结果难以达到绝对准确,分析过程中的误差是客观存在的。因此,需要根据实际情况正确测定、记录并处理实验数据,使分析结果达到一定的准确度。所以,树立正确的数据误差及有效数字的概念、掌握分析和处理实验数据的科学方法十分必要。

一、误差的分类

　　在定量分析中,由于各种原因造成的误差,按照性质和来源可分为系统误差、随机误差和过失误差三类。

　　1. 系统误差:又称可测误差。由于实验方法、所用仪器、试剂、实验条件的控制以及实验者个人的一些主观因素造成的误差,称为系统误差。这类误差的特点:① 在多次测定中会重复出现;② 具有单向性;③ 系统误差来源于某些固定因素,因此,其数值基本是不变的。

　　2. 随机误差:又称偶然误差,在实验中由一些偶然的原因所造成。例如,测量时环境温度、湿度、气压的微小变化,都能造成误差。这类误差来源于偶发、随机因素,因此,误差数值不定且方向也不固定,时为正误差、时为负误差。随机误差在实验中无法避免。

　　3. 过失误差:由于实验者粗心大意、或操作失误等原因造成。这类错误有时无法找到原因,但是完全可以避免。

二、误差的表示方法

1. 准确度与误差

数据的准确度(accuracy),是指测定值 x 与真实值 μ 相接近的程度。准确度的好坏用误差来衡量。误差(error),是测定值 x 与真实值 μ 之间的差值。误差越小,则数据结果准确度越高。误差可分为绝对误差和相对误差两种,分别表示为:

绝对误差(absolute error) $\qquad E_a = x - \mu$

相对误差(relative error) $\qquad E_r = \dfrac{x - \mu}{\mu} \times 100\%$

例如,使用分析天平称量两物体的质量,分别为 3.835 0 g 和 0.383 5 g;假设两物体的真实质量各为 3.835 1 g 和 0.383 6 g,则两次称量的绝对误差分别为:

$$E_{a1} = 3.835\ 0\ \text{g} - 3.835\ 1\ \text{g} = -0.000\ 1\ \text{g}$$

$$E_{a2} = 0.383\ 5\ \text{g} - 0.383\ 6\ \text{g} = -0.000\ 1\ \text{g}$$

而两次称量的相对误差,则分别为:

$$E_{r1} = \frac{-0.000\ 1\ \text{g}}{3.835\ 1\ \text{g}} \times 100\% = -0.003\%$$

$$E_{r2} = \frac{-0.000\ 1\ \text{g}}{0.383\ 6\ \text{g}} \times 100\% = -0.03\%$$

可见,当绝对误差相同时,被测量的数值愈大,则相对误差愈小,测量的准确度愈高。

2. 精密度与偏差

数据的精密度(precision),是指多次平行测定结果之间相互接近的程度,反映多次测定结果的重现性。精密度的好坏用偏差来衡量。偏差(deviation),指的是每次测定结果与多次测定结果的算术平均值之间的差别,偏差愈小,则测定结果的精密度愈高。偏差可分为绝对偏差和相对偏差:

绝对偏差 $\quad d = x_i - \overline{x}$

相对偏差　　$d_r = \dfrac{d}{\overline{x}} \times 100\%$

如果在相同条件下,只做了两次平行测定(重复一次),则用相差和相对相差表示精密度:

$$相差 = |\,x_1 - x_2\,|$$

$$相对相差 = \frac{|\,x_1 - x_2\,|}{\overline{x}}$$

3. 准确度和精密度的比较

准确度和精密度是两个不同的概念,它们是实验结果好坏的主要标志。在化学分析中,理想结果是测定准确,因此首先要做到精密度好,没有一定的数据精密度,也就难谈得上数据准确。但是,精密度好并不保证准确度一定好,这是因为存在系统误差。降低、控制了偶然误差,就可以使测定数据的精密度提高;同时,降低、校正了系统误差,才能得到既精密又准确的分析结果。

4. 标准偏差

个别数据的精密度,可以用绝对偏差或相对偏差来表示。但是,对于一系列测量数据的整体精密度,则要用统计学的方法来量度。标准偏差(s),是使用统计学手段来表示样本数据的离散程度,也可用来表示精密度的高低。计算式如下:

$$s = \sqrt{\frac{\sum\limits_{i=1}^{n}(x_i - \overline{x})^2}{n-1}}$$

由于标准偏差不考虑偏差的正、负号,同时又增强了偏差较大数据的权重,因此可以较好地反映测定数据的精密度。

5. 置信度和置信区间

在定量分析中,常用统计的方法来评价实验所得的数据,在这种情况下,有必要对测定数据进行一定的取舍。由于随机误差(甚至是偶然的过失误差)的存在,来自同一样品的多次测量结果的平均值,未必恰好是真实值,测量次数少时尤其如此。因此,必须运用统计学的原理,(在一定的概率保证下)对可能包含真实值的数据范围进行较为准确的评估,这个数据范围,称为置信区间(confidence interval)。置信度(或称置信水平,confidence level),是真实值落在某一区间内的概率(或把握)。根据统计学的结果,可以得到下图:

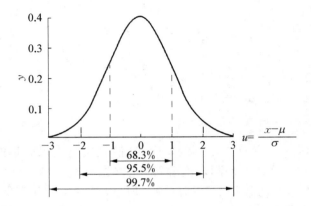

真值 μ 落在 $\mu \pm \sigma$ 区间内的概率(σ 为总体标准偏差,$\sigma = \sqrt{\dfrac{\sum\limits_{i=1}^{n}(x_i-\mu)^2}{n}}$),亦即置信度,为 68.3%;当置信度为 95.5% 时,置信区间为 $\mu \pm 2\sigma$。

假设置信水平确定为 95%,此时有一可疑数据,如果它落在 95% 的范围内,则可取;落在 5% 范围内,则可认为这个数据的误差属于过失误差,应舍弃。

三、数据的取舍

数据取舍的方法通常有:4 d 准则、Q 检验法、Dixon 检验法以及 Grubbs 检验法。由于 Grubbs 检验法较合理、且适用性强,故本教材采用此法。

Grubbs 检验法处理数据时,按下述三种不同情况来处理:

(1) 只有一个可疑数据。

有 n 个测定数据,$x_1 < x_2 < x_3 < \cdots < x_n$,$x_1$ 为可疑数据时,统计量 T 的计算式为:

$$T_1 = \frac{\overline{x} - x_1}{s}$$

x_n 为可疑数据时,统计量计算式为:

$$T_n = \frac{x_n - \overline{x}}{s}$$

（2）可疑数据有两个或两个以上，且都在平均值的同一侧。

例如，x_1 和 x_2 都为可疑数据，则先检验最内侧的一个数据，即 x_2。通过计算 T_2 来检验 x_2 是否应舍弃，如果 x_2 可舍弃，则 x_1 自然也应舍弃。注意：在检验 x_2 时，测定次数应减少一次。

（3）可疑数据有两个或两个以上，而又在平均值两侧。

例如，x_1 和 x_n 都为可疑数据，那么应分别先后检验 x_1 和 x_n 是否应舍弃。如果有一个数据决定舍弃，则检验另一个数据时，测定次数应减少一次，此时，应选择 99％的置信水平。

在上述所有情况下，当出现 $T \geq T_{临界}$ 时（参见表 3-1），则应舍去可疑值。

表 3-1 Grubbs 检验法的临界值

测定次数	置信水平		测定次数	置信水平	
	95％	99％		95％	99％
3	1.15	1.15	15	2.41	2.71
4	1.46	1.49	16	2.44	2.75
5	1.67	1.75	17	2.48	2.78
6	1.82	1.94	18	2.50	2.82
7	1.94	2.10	19	2.53	2.85
8	2.03	2.22	20	2.56	2.88
9	2.11	2.32	21	2.58	2.91
10	2.18	2.41	22	2.60	2.94
11	2.23	2.48	23	2.62	2.96
12	2.29	2.55	24	2.64	2.99
13	2.33	2.61	25	2.66	3.01
14	2.37	2.66			

来自 GB/T 4883—2008《数据的统计处理和解释 正态样本离群值的判断和处理》

例题：测定碱灰总碱量 $w(\text{Na}_2\text{O})$ 时，得到了 6 个数据，按其大小次序排列：52.59％，52.55％，52.54％，52.53％，52.52％，52.13％。若首尾两数据为可疑值，试用 Grubbs 检验法判断是否应舍弃。

解：$\overline{x} = (52.59％ + 52.55％ + 52.54％ + 52.53％ + 52.52％ + 52.13％)/6$
$= 52.48％$

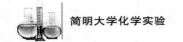

$$s = \sqrt{\dfrac{\sum\limits_{i=1}^{n}(x_i - \overline{x})^2}{n-1}} = 0.172\%$$

$$T_6 = (52.48\% - 52.13\%)/0.172\% = 2.03$$

查表 3-1 Grubbs 检验法临界值:当测定次数为 6 时,95% 置信度的临界值为 1.82,故 52.13% 这个可疑值应舍弃;再检验 52.59% 这个数据是否应舍弃,求得:

$$\overline{x} = (52.59\% + 52.55\% + 52.54\% + 52.53\% + 52.52\%)/5 = 52.55\%$$

$$s = 0.0274\%$$

$$T_1 = 1.46$$

当测定次数为 5 时,置信水平为 99% 时的临界值是 1.75,故 52.59% 这个数据不应舍去。

本教材中,实验结果表示的要求如下:

(1) 测定次数是 2 时,计算平均值和相对相差。

(2) 测定次数在 3 以上(包括 3 次在内)时,用 Grubbs 检验法判断,计算 $\overline{x}$、s 和 T。决定舍弃后,还应算出舍弃可疑数据后的平均值 $\overline{x}_{舍}$。

四、有效数字

为了得到准确的实验结果,不仅要进行准确测量,还要正确记录和计算。实验中所获得的数值,不仅表示某个量的大小,还反映了测量的准确程度。因此,在实验数据的记录和结果的计算中,保留几位数字不是任意的,应按照实际的测量精度记录实验数据,并按照有效数字的运算规则进行测量结果的计算,从而给出合理的测量结果。

1. 有效数字的概念

有效数字(significant digits),指在检验或测量工作中所能得到的、有实际意义的数值,其最后一位数字欠准确是允许的。确定有效数字位数时,应遵循以下几条原则:

(1) 有效数字的定位(数位),指确定"欠准确"数字的位置。这个位置确定后,其后面的数字均为无效数字。

(2) 有效数字保留的位数,应该根据实验方法和仪器的准确度来决定。

其数值定位,在位数上应与绝对误差的最后一位等齐。例如,用台天平秤量一蒸发皿的质量为 30.51 g;若是用分析天平称量,则质量为 30.511 9 g。在记录测量值时必须记一位"欠准确"数字,且只能记一位。

(3) 在具体数值中,有效数字的位数是指从最左一位非零数字向右数而得到的位数。例如,3.2、0.32、0.032 和 0.003 2 均有两位有效数字,0.320 有三位有效数字,10.00 为四位有效数字,12.490 为五位有效数字。

(4) 诸如倍数、分数、个数等数据(包括物理常数 π、e 等),它们的有效数字位数可以看作无限多位。化学实验中常常遇到的 pH、pM、lg K 等对数值,其有效数字位数取决于小数部分(尾数)数字的位数,因整数部分(首数)只代表该数的方次。例如,pH $= 11.20$,换算为 H^+ 浓度时应为 $[H^+] = 6.3 \times 10^{-12}$ mol $\cdot$ L^{-1},有效数字的位数是两位,而不是四位。

(5) 有效数字的首位数字为 8 或 9 时,其有效位数可以多计一位。例如,85% 与 115%,都可以看成是三位有效数字;99.0% 与 101.0% 都可以看成是四位有效数字。

2. 数值修约及其进舍规则

运算过程中,应按有效数字修约规则进行修约后再计算结果。对数字的修约规则,目前大多采用"四舍六入五留双"的原则,即当尾数 $\leqslant 4$ 时,舍弃;当尾数 $\geqslant 6$ 时,进位;尾数 $= 5$ 时,如进位后得偶数,则进位,如弃去后得偶数,则弃去;若 5 的后面还有不是 0 的任何数,无论进位后是奇数还是偶数,均进位。例如,按照这一规则,将下列测量值修约为四位有效数字,其结果为:

修约前	0.715 64	0.237 66	21.085 6	10.315 0	120.450
修约后	0.715 6	0.237 7	21.09	10.32	120.4

注意:不许连续修约。拟修约数字应在确定修约位数后,只用一次修约即获得结果,而不得多次连续修约。

例题:修约 17.454 6,修约到个位数。

正确的做法为:17.454 6 → 17

不正确的做法为:17.454 6 → 17.455 → 17.46 → 17.5 → 18

3. 有效数字运算规则

(1) 加减法

当几个数据相加减时,有效数字的保留,应以其中小数点后位数最少的一

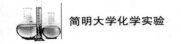

个数字为准。例如：

$$35.620\ 5+2.53+30.517=?$$

由于每个数据的最后一位都有 ±1 的绝对误差，故在上述数据中，2.53 的绝对误差最大（±0.01），即小数点后第二位为不确定值。所以，各数值及计算结果都取到小数点后第二位。

$$35.620\ 5+2.53+30.517=35.62+2.53+30.52=68.67$$

（2）乘除法

在乘除法运算中，有效数字的位数应以其中相对误差最大的那个数为准。通常是根据有效数字位数最少的数进行修约，乘除运算的计算结果所保留位数与有效数字位数最少的数相同。例如：

$$2.187\ 6\times0.154\times60.08=2.19\times0.154\times60.1=20.3$$

各数的相对误差分别为：

$$\pm\frac{1}{21\ 876}\times100\%=\pm0.005\%$$

$$\pm\frac{1}{154}\times100\%=\pm0.6\%$$

$$\pm\frac{1}{6\ 008}\times100\%=\pm0.02\%$$

在上述数据中，有效数字位数最少的是 0.154，其相对误差最大，因此，计算结果也应取三位有效数字。

在较复杂的计算过程中，中间各步可暂时多保留一位不确定数字，以免多次修约或舍弃，造成误差的积累，待最后计算结束时，再弃去多余的数字。

五、实验数据的表示方法

化学实验数据的表示方法主要有列表法、图解法和数学方程式三种。现将本书实验中常用到的前两种方法说明如下。

1. 列表法

这是记录和处理实验数据最常用的方法。一张完整的表格，应包含表的顺序号、名称、项目、说明及数据来源五项内容。

2. 图解法

通常在直角坐标系中,用图解法表示实验数据,即用一种线图描述所研究的变量间的关系,使实验测得的各数据间的关联更为直观,并可由线图求得变量的中间值(或者预测未测定值)、确定经验方程中的常数等。下面举例说明图解法在实验中的运用。

(1) 表示变量间的关联:将自变量作横轴,应变量作纵轴,所得曲线即表示二者之间的定量关系。在曲线所示范围内,对应于任意自变量的应变量数值均可从曲线上读出,例如温度计校正曲线、比色法中的吸光度—浓度曲线等。

(2) 求外推值:对一些不能或不易直接测定的数据,在适当的条件下,可用作图外推的方法取得。所谓外推法,就是将测量数据所得的函数关系外推至测量范围以外,以求得预测的函数值。但必须注意,只有在外推的那段范围与实测范围相距较近、且在此范围内被测变量间的函数关系仍保持线性时,外推法才有实际价值。例如,测定反应热时,两种溶液刚混合时的最高温度不易直接测得,但可测得混合后随时间变化的温度值,通过作温度—时间图,外推得知最高温度。

(3) 求直线的斜率和截距:对函数 $y = mx + b$ 来说,y 对 x 作图是一条直线,m 是直线斜率,b 是截距。两个变量间的关系如符合此式,则可用作图法来求得 m 和 b。例如,一级反应速率公式是:$\lg c = \lg c_0 - \dfrac{k}{2.303} t$,以 $\lg c$ 对 t 作图,得一直线,其斜率是 $-\dfrac{k}{2.303}$,即可求算出反应速率常数 k。又如,电极电势与浓度和温度间的关系,可用能斯特方程表示:

$$E = E^{\ominus} - \frac{RT}{nF} \ln \frac{[\text{还原型}]}{[\text{氧化型}]}$$

同理,用 E 对 $\ln \dfrac{[\text{还原型}]}{[\text{氧化型}]}$ 作图也是一条直线,其截距就是电对的标准电极电势 $E^{\ominus}$,从斜率可知得失电子数 n。若测量数据间的函数关系不符合线性关系,则可变换变量,以使新的函数关系符合线性关系。例如,反应速率常数 k 和活化能 E_a 的关系为:$k = A e^{-\frac{E_a}{RT}}$,若对两边取对数,则可使其线性化。以 $\lg k$ 对 $\dfrac{1}{T}$ 作图,由直线的斜率可求出活化能 E_a。

第四章　无机物制备基础

4.1　五水硫酸铜的制备

安全提示

1. 浓硝酸是强氧化剂,具有强酸性,腐蚀性,加热时分解,产生有毒烟雾,应做好防护措施(护目镜和手套),并在通风橱中取用;

五水硫酸
铜的制备

2. 灼烧铜片时注意防烫,戴好纱布手套;
3. 磁力加热搅拌器的电线避免接触加热盘。

实验目的

1. 学习不活泼金属与酸作用制备盐的方法;
2. 练习并掌握水浴加热、蒸发、浓缩、减压过滤、重结晶等基本操作。

实验原理

铜是不活泼金属,不能直接和稀硫酸发生反应制备硫酸铜,必须加入氧化剂。本实验采用浓硝酸做氧化剂,以铜屑与稀硫酸、浓硝酸反应来制备硫酸铜。反应式为:

$$Cu + 2HNO_3 + H_2SO_4 \xrightarrow{\hspace{1cm}} CuSO_4 + 2NO_2\uparrow + 2H_2O$$

未反应的铜屑及其他不溶性杂质用倾滗法除去。利用硝酸铜的溶解度在 $0\sim100\ ℃$ 范围内均大于硫酸铜溶解度的性质,溶液经蒸发浓缩析出硫酸铜,经过滤与可溶性杂质硝酸铜分离,得到粗产品。

硫酸铜的溶解度随温度升高而增大,可用重结晶法提纯。在粗产品硫酸铜中,加适量水,加热成饱和溶液,趁热过滤除去不溶性杂质。滤液冷却,析出硫酸铜,过滤,与可溶性杂质分离,得到较纯的硫酸铜。

表 4-1　两种盐的溶解度

T/K	273	293	313	333	353	373
五水硫酸铜	23.1	32.0	44.6	61.8	83.8	114.0
硝酸铜	83.5	125.0	163.0	182.0	208.0	247.0

实验步骤

1. 粗产品的制备

称取 1.5 g 铜片于蒸发皿中,灼烧以除去表面的油污。表面变黑后,让其自然冷却至近室温。

将蒸发皿移至通风橱内,加入 5.5 mL 3 mol·L⁻¹ H₂SO₄,盖上表面皿,然后分批加入 2.5 mL 浓 HNO₃。待反应缓和后,水浴加热。加热过程中需要补加 2.5 mL 3 mol·L⁻¹ H₂SO₄ 和 0.5 mL 浓 HNO₃(在保持反应继续进行的情况下,尽量少补加 HNO₃)。待铜屑近乎全部反应后,趁热用倾滗法将溶液转至干净的蒸发皿中,水浴加热溶液,浓缩至表面有晶体膜出现。取下蒸发皿,待溶液冷却至室温,减压抽滤得蓝色 CuSO₄·5H₂O 晶体,称重。

2. 重结晶

根据 353 K 时 CuSO₄·5H₂O 的溶解度计算粗产品与所需溶解水的比例,按计算比例在粗产品中加水。加热使 CuSO₄·5H₂O 完全溶解,趁热过滤(如无不溶性杂质则不必过滤)。滤液收集在小烧杯中,自然冷却,即有晶体析出(如无晶体析出,可在水浴上再加热蒸发)。完全冷却后,抽滤(将滤液收集在小烧杯中,作培养大晶体用),称量所得固体。

注意事项

(1)趁热过滤操作时,漏斗不必预热,但须做好过滤的准备后再加热;一旦溶解完全,立即连接水泵,转移全部溶液过滤。若加热时间长,或溶液冷却降温,则硫酸铜析出而损失。滤瓶中若有晶体转移不出,可水浴加热滤瓶,待晶体溶解后转移;或将部分饱和溶液倒回滤瓶以便转移残余晶体,再重复转移一次(注意:不能往滤瓶中加水以转移固体)。

（2）若滤液冷却后无晶体析出，则需水浴加热以进一步浓缩。将滤液转移到蒸发皿水浴加热，液面一旦有晶体出现立即停止加热（注意：水浴蒸发浓缩时，不要挪动蒸发皿，否则，晶膜不易形成）。

 扩展实验

1. 大晶体的制备

将适量 $CuSO_4 \cdot 5H_2O$ 投入盛有滤液的小烧杯中，加热至温度高出室温 15 K 左右，获得饱和溶液。将上层清液倒在蒸发皿中，当蒸发皿里溶液冷却时，可从析出的一些较大颗粒晶体中，选 3 颗几何形状完整的晶体作为晶种，放在盛有饱和溶液的小烧杯中培养长大。

注意事项

在制备大晶体的过程中，饱和溶液的浓度是关键。溶液过浓，会形成细小、不完整的晶体；溶液过稀，会使晶体溶解。

2. 硫酸四氨合铜的制备

取 1 g 自制的 $CuSO_4 \cdot 5H_2O$ 溶于 2 mL 水中，加入 2 mL 浓氨水，沿容器壁慢慢滴加（为什么？）4 mL 无水乙醇，盖上表面皿，静置。待晶体析出后过滤，用乙醇与氨水（1∶1）的混合液洗涤，再用乙醇洗涤，抽滤至干。室温干燥，称量。观察晶体的颜色、形状。

思考题

1. 吸滤操作要注意什么？

2. 为什么要缓慢分批加入浓 HNO_3，而且要尽量少加？

3. 反应生成的 NO_2 和 NO 有毒，应采取什么措施以避免有毒气体排放到大气中？

📖 4.2 硫酸亚铁铵的制备

1. 铁屑与酸反应时会产生有害气体,需要在通风橱中进行;
2. 磁力加热搅拌器的电线避免接触加热盘;
3. 未反应的铁屑回收到指定容器中。

实验目的

1. 利用溶解度的差异制备硫酸亚铁铵;
2. 从实验中掌握硫酸亚铁、硫酸亚铁铵复盐的性质;
3. 学习 pH 试纸、吸管、比色管的使用,学习限量分析。

实验原理

硫酸亚铁铵又称莫尔盐,是浅蓝绿色晶体(单斜晶系),在空气中比一般亚铁盐稳定,易溶于水,但难溶于乙醇。

本实验先将铁屑溶于稀硫酸生成 $FeSO_4$ 溶液:

$$Fe + H_2SO_4 \Longrightarrow FeSO_4 + H_2 \uparrow$$

硫酸亚铁铵的制备

再往 $FeSO_4$ 溶液中加入等物质量的 $(NH_4)_2SO_4$ 饱和溶液,调节混合液的 pH 至 $1\sim2$。水浴加热,将溶液浓缩到表面有结晶膜出现,缓慢冷却即可得到溶解度较小的 $(NH_4)_2SO_4 \cdot FeSO_4 \cdot 6H_2O$ 复盐晶体。

$$FeSO_4 + (NH_4)_2SO_4 + 6H_2O \Longrightarrow (NH_4)_2SO_4 \cdot FeSO_4 \cdot 6H_2O$$

本实验采用目视比色法确定产品的杂质含量,该方法是确定物质中杂质含量和产品级别的一种简便快速方法。常用的目视比色法是标准系列法,即用不同量的待测物标准溶液在完全相同的一组比色管中,配成颜色逐渐递变的标准色阶,试样溶液也在完全相同条件下配制,并与标准色阶进行比对,则可大致确定试样中待测组分的含量。本实验采用 KSCN 作显色剂,目视比色,确定产品中杂质 Fe^{3+} 的含量范围。

实验步骤

1. 硫酸亚铁的制备

称 1 g 铁屑,放入 150 mL 锥形瓶中,再加入 5 mL 3 mol·L^{-1}H$_2$SO$_4$,水浴加热(温度低于 353 K)至反应基本完成(产生的气泡很少),趁热过滤。反应过程中适当补充蒸发掉的水分。

2. 硫酸亚铁铵复盐的制备

称取 2 g(NH$_4$)$_2$SO$_4$ 固体,配成饱和溶液。将此液加到制得的 FeSO$_4$ 溶液中,并调节混合液的 pH 至 1~2。水浴加热,将溶液浓缩到表面有结晶膜出现后,待溶液自然冷却,析出(NH$_4$)$_2$SO$_4$·FeSO$_4$·6H$_2$O 晶体后抽滤,称重,计算产率。观察晶体的颜色和形状。

3. Fe(Ⅲ)的限量分析

称取 1 g 样品于 25 mL 比色管中,加 2 mL 3 mol·L^{-1} HCl,15 mL 不含氧的蒸馏水(蒸馏水煮沸几分钟后冷却至室温即得),振荡,样品溶解后,加 1 mL 25%的 KSCN 溶液,最后用无氧水稀释至刻度,摇匀,与标准溶液进行目视比色,确定产品等级。

标准色阶的配制

用吸管分别吸取一定量的 Fe^{3+} 标准溶液(Fe^{3+} 含量为 0.100 0 mg·mL^{-1}),加入比色管中,使 Fe^{3+} 量为:Ⅰ级:0.05 mg;Ⅱ级:0.10 mg;Ⅲ级:0.20 mg。然后与上文(步骤 3)样品同体积同样处理。

注意事项

(1) 不必将所有铁屑溶解完,实验时溶解大部分铁屑即可。

(2) 酸溶时要注意分次补充少量水,以防止 FeSO$_4$ 析出。

(3) 硫酸亚铁铵的制备:加入硫酸铵后,应搅拌使其溶解后再往下进行。在水浴上加热浓缩,防止温控不当而失去结晶水。

(4) 最后一次抽滤时,注意将滤饼压实,不能用蒸馏水或母液洗涤晶体。

思考题

1. 制备硫酸亚铁时,为什么必须保持溶液呈酸性?
2. 反应温度为什么要低于 353 K? 反应过程中为什么要适当地补充水?
2. 反应完成后为什么要趁热减压过滤?
3. 比色分析中,在配制硫酸亚铁铵溶液时为什么要用不含氧的蒸馏水?

4.3 粗盐的提纯

实验目的

1. 掌握提纯氯化钠的原理和方法；
2. 了解有关沉淀生成、沉淀控制的基本知识；
3. 了解 SO_4^{2-}、Ca^{2+}、Mg^{2+}、K^+ 等离子的定性鉴定；
4. 掌握溶解、沉淀、减压过滤、蒸发浓缩、结晶和烘干等基本操作。

实验原理

粗盐中含有 SO_4^{2-}、Ca^{2+}、Mg^{2+}、K^+ 等可溶性杂质及泥沙等不溶性杂质。不溶性杂质可通过溶解、过滤而除去；选择适当试剂可使 Ca^{2+}、Mg^{2+} 及 SO_4^{2-} 离子生成难溶化合物的沉淀而被除去。首先,在粗盐溶液中加入过量的 $BaCl_2$ 溶液,除去 SO_4^{2-},然后,在溶液中加入过量 Na_2CO_3 溶液,除去 Mg^{2+}、Ca^{2+} 和沉淀 SO_4^{2-} 时加入的过量 Ba^{2+}。

粗盐的提纯

$$SO_4^{2-} + Ba^{2+} =\!=\!= BaSO_4 \downarrow$$

$$Ca^{2+} + CO_3^{2-} =\!=\!= CaCO_3 \downarrow$$

$$Ba^{2+} + CO_3^{2-} =\!=\!= BaCO_3 \downarrow$$

$$2Mg^{2+} + H_2O + 2CO_3^{2-} =\!=\!= Mg_2(OH)_2CO_3 \downarrow + CO_2 \uparrow$$

溶液中过量的 Na_2CO_3 用盐酸中和处理。粗盐中的 K^+ 与上述的沉淀剂都不起作用,仍留在溶液中。由于 KCl 的溶解度大于 NaCl 的溶解度,且含量较少,因此在蒸发、浓缩过程中,NaCl 先结晶出来,而 KCl 则留在溶液中。利用上述这些方法和步骤,达到粗盐提纯的目的。

实验步骤

1. 粗盐的溶解

称取 5 g 粗盐,加 20 mL 水,按照液面的位置在烧杯外壁做记号。加热搅拌使粗盐溶解。

2. 去除 SO_4^{2-} 阴离子

加热粗盐溶液到近沸,一边搅拌,一边逐滴加入 $0.8\sim1.3$ mL 1 mol $\cdot$ L^{-1} $BaCl_2$ 溶液,待沉淀基本完全后,继续加热 5 min,使沉淀颗粒长大而易于沉降。

3. 检查 SO_4^{2-} 是否除尽

将烧杯从加热器上取下,待沉淀沉降后取少量上层溶液(数滴即可),离心沉降,取上层离心液,加几滴 6 mol $\cdot$ L^{-1} HCl 溶液,再加几滴 $BaCl_2$ 溶液,如果有浑浊,表示 SO_4^{2-} 尚未除尽,需要再加 $BaCl_2$ 溶液;如果不浑浊,表示 SO_4^{2-} 已除尽,过滤溶液,弃去沉淀。

4. 去除 Mg^{2+}、Ca^{2+}、Ba^{2+} 等阳离子

将滤液加热至近沸,一边搅拌,一边滴加饱和 Na_2CO_3 溶液,直到不生成沉淀,再多加 0.2 mL 饱和 Na_2CO_3 溶液,继续加热 5 min 后,静置。

5. 检查 Ba^{2+} 是否除尽

取烧杯中少量上层溶液,离心分离后,在上层清液中加几滴 3 mol $\cdot$ L^{-1} H_2SO_4 溶液,如果有混浊,表示 Ba^{2+} 未除尽,需继续加入饱和 Na_2CO_3 溶液,直到除尽(检查液用后弃去)。过滤,弃去沉淀。

6. 用盐酸调节酸度除去剩余的 CO_3^{2-}

往溶液中滴加 6 mol $\cdot$ L^{-1} HCl 溶液,加热搅拌,中和至溶液的 pH 至 $2\sim3$。

7. 浓缩、结晶

把溶液蒸发浓缩到原体积的 1/3,冷却结晶,过滤,用少量纯水洗涤晶体,抽干。把 NaCl 晶体放在蒸发皿内,边搅拌边烘干,以防止溅出与结块,再高温

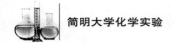

灼烧 $1\sim2\ min$。冷却后称量。

8. 产品质量鉴定

取粗盐原料、所制产品各 0.5 g,分别溶于 1.5 mL 蒸馏水中,定性鉴定溶液中有无 SO_4^{2-},Ca^{2+},Mg^{2+},K^+ 的存在,比较实验结果。

注意事项

(1) 本实验设计了许多基础操作,如:固体物质的溶解、离心分离、减压过滤、蒸发浓缩及烘干、灼烧等。

(2) 蒸发浓缩过程中,注意不可以将溶液蒸干。

(3) 用沉淀剂去除离子时,判断杂质离子基本沉淀完全的现象:静置溶液 $1\sim2$ 分钟,待溶液中混合物稍微沉降并分层,加入一滴沉淀剂,仔细观察其在下沉、混合过程中有无明显沉淀产生。如果没有明显的新沉淀产生,可以粗略判断沉淀完全。

思考题

1. 除去可溶性杂质离子的先后次序是否合理? 可否任意变换次序?

2. 加沉淀剂除杂质时,为了得到较大晶粒的沉淀,沉淀的条件是什么?

3. 在除杂质过程中,倘若加热温度高或时间长,液面上会有小晶体出现,这是什么物质? 此时能否过滤除去杂质? 若不能,怎么办?

4.4 碳酸钠的制备

安全提示

1. 磁力加热搅拌器的电线避免接触加热盘；
2. 蒸发浓缩时防止烫伤。

实验目的

1. 了解工业上制备纯碱(碳酸钠)的“联合制碱法”的基本原理；
2. 学会通过复分解反应制备碳酸钠；
3. 掌握恒温条件控制及高温灼烧的基本操作。

实验原理

碳酸钠又名苏打，工业上叫纯碱，用途很广。工业上的联合制碱法是将二氧化碳和氨气通入氯化钠溶液中，先生成碳酸氢钠，然后在高温下灼烧，使它分解并失去一部分二氧化碳，转化为碳酸钠。

$$NH_3 + CO_2 + H_2O + NaCl = NaHCO_3 + NH_4Cl$$
$$2NaHCO_3 = Na_2CO_3 + CO_2 \uparrow + H_2O$$

在第一个反应中，实质上是碳酸氢铵与氯化钠在水溶液中的复分解反应，因此本实验直接用碳酸氢铵与氯化钠作用来制取碳酸氢钠：

$$NH_4HCO_3 + NaCl = NaHCO_3 + NH_4Cl$$

NH_4HCO_3、NaCl、$NaHCO_3$和NH_4Cl同时存在于水溶液中，是一个复杂的四元交互体系，它们在水溶液中的溶解度互相发生影响。不过，根据各纯净盐在不同温度下水中溶解度的互相对比，仍然可以粗略地判断出从反应体系中分离几种盐的最佳条件和适宜的操作步骤。各种纯净盐在水中的溶解度(克/100 克水)见表 4 - 2。

表 4-2　各种纯净盐在水中的溶解度

盐 ＼ 温度℃	0	10	20	30	40	50	60	70	80	90	100
NaCl	35.7	35.8	36	36.3	36.6	37	37.3	37.8	38.4	39	39.8
NH_4HCO_3	11.9	15.8	21	27	—	—	—	—	—	—	—
$NaHCO_3$	6.9	8.15	9.6	11.1	12.7	14.45	16.4				
NH_4Cl	29.4	33.3	37.2	41.4	45.8	50.4	55.2	60.2	65.6	71.3	77.3

当温度超过 35 ℃,NH_4HCO_3 就开始分解,所以反应温度不能超过 35 ℃。但是,温度太低又影响了 NH_4HCO_3 的溶解度。从表中可以看出,$NaHCO_3$ 在 30～35 ℃温度范围内的溶解度在四种盐中是最低的。在此温度条件下,将研细的 NH_4HCO_3 固体溶于浓的 NaCl 溶液中,在充分搅拌下析出 $NaHCO_3$ 晶体,高温分解 $NaHCO_3$,得到 Na_2CO_3。

实验步骤

将盛有 20 mL 饱和 NaCl 溶液的小烧杯放在水浴上加热,控制温度在 30～35 ℃之间。称取 NH_4HCO_3 固体粉末 8.5 g,在搅拌下分批次加入上述溶液中。加料完毕后,继续搅拌并保持反应要求温度 30 min 左右。静置几分钟后减压过滤,得到 $NaHCO_3$ 晶体。用少量水淋洗晶体,以除去粘附的铵盐,尽量抽干母液。将布氏漏斗中的 $NaHCO_3$ 晶体取出,称其湿重并记录数据。

将制得的粗品放到蒸发皿中,置于石棉网上用火焰加热,同时,用玻璃棒不停翻搅,使固体受热均匀并防止结块。几分钟后改用大火,灼烧大约半小时,即可得到干燥的白色细粉状 Na_2CO_3 产品。冷却到室温后称其质量,记录并计算产率。(或在微波炉中高温加热 10～15 min;或用调温电炉加热,先低温 5 min,再逐渐高温,灼烧 30 min。)

注意事项

(1)制备碳酸氢钠时注意控制温度在 30～35 ℃之间;

(2)加热蒸发皿内产品时,要用玻璃棒不断地搅拌,防止固体结块或局部过热而迸溅。

扩展实验

自制样品组成的测定

准确称取 1.3～1.5 g 左右自制产品于 100 mL 烧杯中,加少量纯水,搅拌使其溶解,定量转移至 250 mL 容量瓶中,用去离子水稀释到刻度线,摇匀待测。

准确移取 25.00 mL 待测溶液,放到洁净的 250 mL 烧杯中,加 1 滴酚酞指示剂,然后逐滴滴入 $0.1\ mol \cdot L^{-1}$ HCl 标准溶液至被测液体变为无色(可有极浅的粉红色),记下读数 V_1。然后再向烧杯中加入 9 滴溴甲酚绿-二甲基黄指示剂,继续滴定至溶液由黄绿色变为黄色,记下读数 V_2。同样方法平行测定 3 次,要求消耗 HCl 的总体积的极差不大于 0.05 mL。计算自制样品中各组分的含量及总碱度($Na_2O\%$)。

注意事项

　　1. 样品滴定时的第一个终点之前滴定速度一定要慢,防止局部过浓;

　　2. 滴定时终点颜色的判断,本次实验的颜色视觉疲劳容易造成极大误差。

思考题

　　1. 影响产品产量高低的主要因素有哪些?

　　2. 影响产品纯度,即碳酸钠、碳酸氢钠及其他杂质含量的主要因素有哪些?

第五章　称量和滴定操作练习

📖 5.1　分析天平称量练习

实验目的

1. 掌握分析天平的使用与维护技术；
2. 掌握直接称量法、减量称量法和固定质量称量法的基本操作。

实验步骤

1. 称量瓶的准备

称量瓶依次用洗液、自来水、纯水洗干净后，置于洁净的 400 mL 烧杯中，将称量瓶盖斜放在称量瓶口上，并在烧杯口上放三只玻璃钩，盖上表面皿，置于烘箱中。升温至 378 K，并保持 30 min。取出烧杯，稍冷片刻后，将称量瓶放入干燥器中，冷至室温后即可使用。

2. 电子天平的准备

（1）检查天平箱内是否清洁，检查硅胶的颜色是否正常？称量盘是否与硅胶杯、毛刷相碰？

（2）调节电子天平的水平，校准电子天平。

3. 直接称量法称量练习

（1）分别称出称量瓶、称量瓶盖（应如何拿瓶和瓶盖）的质量（$m_{瓶}$、$m_{盖}$），再把称量瓶盖盖在称量瓶上，称出总质量（$m_{总}$）。将分别称量的结果相加后与总质量进行核对。

（2）向教师领取一金属片，称出其质量，将结果与教师核对。

注意：不得用手直接取放被称物，而应采用戴手套、垫纸条、用镊子或钳子等适宜的方法。

直接称量法适于称量洁净干燥的器皿、整块的不易潮解或升华的固体试样。

4．递减法称量练习

（1）准备两个干燥洁净的 50 mL 烧杯，编号。用纸条套住烧杯，将其置于分析天平盘上，准确称出其质量 m_{01} 和 m_{02}，并记录在报告上。

（2）用干净的纸条从干燥器中取出称量瓶，用纸片夹住瓶盖打开，用药匙加入适量试样，盖上瓶盖。将称量瓶置于分析天平盘上，关上天平门，准确称取并读数，记下质量 m_1。用纸条取出称量瓶，在准备盛装样品的小烧杯口的上方打开瓶盖，倾斜瓶身，用瓶盖轻敲瓶口上部使样品缓缓落入小烧杯中。当倾出样品接近所需量（0.2～0.3 g）时，一边继续用瓶盖轻敲瓶口，一边将瓶身缓缓竖直，使粘于瓶口的试样落入瓶中，盖好瓶盖。将称量瓶放回天平盘上，再次准确称量，记下质量 m_2。两次称量之差（$m_1 - m_2$）即为称取第一份样品的质量。

用同样的方法再次倾出 0.2～0.3 g 样品于第二个烧杯内，准确称出称量瓶和剩余样品的质量，记为 m_3。（$m_2 - m_3$）即为称取第二份样品的质量。如此反复操作，可连续称取多份样品。

（3）分别准确称量两个已装有样品的烧杯的质量，并记为 m_{01}' 和 m_{02}'。检验称量瓶的减重是否等于烧杯的增重，如果称量中无差错，（$m_1 - m_2$）应等于（$m_{01}' - m_{01}$），（$m_2 - m_3$）应等于（$m_{02}' - m_{02}$）。本实验要求两者绝对差值＜0.3 mg。如果不符，找出原因，重新称量。

递减称量法适于称量易吸湿、氧化、挥发的样品。

5．固定质量法称量练习

（1）取一块洁净硫酸纸放在分析天平盘上，显示屏显示硫酸纸的质量，按去皮键扣除硫酸纸的质量。

（2）用左手或右手拇指、中指及掌心控制钥匙柄，取少量氯化钠粉末慢慢加到称量纸的中央，当样品质量接近 0.5 g 时，小心地用食指轻弹药匙柄使样品缓慢地"点"落在称量纸上，直到天平显示 0.500 0 g。若不慎加入样品超过固定质量时，可用钥匙取出多余的样品并弃去，不应放回原试剂瓶。

称量过程中不能将样品洒落在称量纸以外的地方，称量结束后必须将样品定量转移至承接的容器中。

固定质量称量法适于称量不易吸潮、在空气中稳定的粉末或颗粒小于

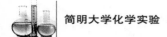

0.1 mg的样品。

6. 称量后天平的检查

称量结束后,须检查:

(1) 天平是否关闭,天平门关上否。

(2) 天平盘上的物品是否取出。

(3) 天平箱内及桌面上有无脏物,若有要及时清除干净。

(4) 天平罩是否罩好,凳子是否放回原位。

检查完毕后,在"使用登记本"上签名登记。

称量结果的记录和处理

表 5-1 直接称量练习数据记录表

	$m_{瓶}$	$m_{盖}$	$m_{总}$	Δm	$m_{样}$
质量/g					

表 5-2 递减称量练习数据记录表

实验项目	第一份	第二份
空烧杯/g	m_{01}	m_{02}
称量瓶+样品质量 (倾样前)/g	m_1	m_2
称量瓶+样品质量 (倾样后)/g	m_2	m_3
烧杯+样品/g	m'_{01}	m'_{02}
称量瓶减重/g	$m_1 - m_2$	$m_2 - m_3$
烧杯增重/g	$m'_{01} - m_{01}$	$m'_{02} - m_{02}$
Δm(偏差)/g		

表 5-3 固定质量称量练习数据记录表

项目 \ 次数	1	2	3
试样质量/g			

教师签字_____   日期:_____

思考题

1. 称量前应做哪些准备工作？

2. 如何调节天平的水平？怎样校准电子天平？

3. 有哪几种称量方法？在什么情况下使用直接称量法？在什么情况下使用差减称量法或减量法？

4. 使用差减称量法或减量法时,事先应做哪些准备？

5. 使用电子天平的注意事项。

📖 5.2 盐酸标准溶液的配制和标定

实验目的

1. 学会盐酸标准溶液的配制和标定方法;
2. 掌握滴定操作,并学会正确判断终点;
3. 掌握酸碱指示剂的作用原理;
4. 熟悉电子天平的使用、减量法称量。

实验原理

由于浓盐酸容易挥发,不能用它来直接配制具有准确浓度的标准溶液,因此,配制 HCl 标准溶液时,只能先配制成近似浓度的溶液,然后用基准物质标定它们的准确浓度,或者用另一已知准确浓度的标准溶液滴定该溶液,再根据它们的体积比计算该溶液的准确浓度。

盐酸浓度
的标定

标定 HCl 溶液的基准物质常用的是无水 Na_2CO_3,其反应式如下:

$$Na_2CO_3 + 2HCl === 2NaCl + CO_2 \uparrow + H_2O$$

滴定至反应完全时,溶液 pH 为 3.89,通常选用溴甲酚绿—二甲基黄混合液或甲基橙作指示剂。

实验步骤

1. 0.1 mol·L^{-1} HCl 标准溶液的配制

(1) 计算配制 500 mL 0.1 mol·L^{-1} HCl 标准溶液所需浓盐酸的体积。

(2) 量取计算体积的浓盐酸(在通风橱内进行),倒入盛有适量纯水的试剂瓶中,加水稀释至 500 mL,摇匀。

2. HCl 溶液浓度的标定

（1）减量法称取 0.13～0.15 g 无水 Na_2CO_3（已烘过）三份，称准至 0.000 1 g。

（2）加水 50 mL，搅拌，使 Na_2CO_3 完全溶解。

（3）加入 9 滴溴甲酚绿-二甲基黄混合指示剂，用已读好读数的滴定管慢慢滴入待测 HCl 溶液，当溶液由绿色变为亮黄色（不带黄绿色）即为终点。

注意事项

（1）干燥至恒重的无水碳酸钠有吸湿性，因此称取基准无水碳酸钠时，宜采用"减量称量法"，并应迅速将称量瓶加盖密闭。

（2）在滴定过程中产生的二氧化碳，使终点变色不够敏锐。因此，在溶液滴定进行至临近终点时，应将溶液加热煮沸或剧烈摇动，以除去二氧化碳，待冷至室温后，再继续滴定。

数据记录与处理

将测得数据直接记录在报告本上。测定数据、计算结果以表格形式列出。

 扩展实验

化肥碳酸氢铵中氮的测定

称取 0.17～0.21 g NH_4HCO_3 试样三份，称准至 0.000 1 g。加水 50 mL，溶解后加 9 滴溴甲酚绿-二甲基黄混合指示剂，用 0.1 mol·L^{-1} HCl 标准溶液滴定至终点。

思考题

1. 配制 0.1 mol·L^{-1} HCl 溶液时，用何种量器量取浓盐酸和纯水？

2. 在称量过程中，出现以下情况，对称量结果有无影响，为什么？

① 用手拿称量瓶或称量瓶盖子；

② 不在盛入试样的容器上方打开或关上称量瓶盖子；

③ 从称量瓶中很快向外倾倒试样；

④ 倒完试样后，很快竖起瓶子，不用盖子轻轻地敲打瓶口，就盖上盖子去称量；

⑤ 倒出所需质量的试样,要反复多次以至近 10 次才能完成。

3. 以下情况对实验结果有无影响,为什么?

① 烧杯只用自来水冲洗干净;

② 滴定过程中旋塞漏水;

③ 滴定管下端气泡未赶尽;

④ 滴定过程中,往烧杯内加少量纯水;

⑤ 滴定管内壁挂有液滴。

4. 能否用酚酞作指示剂标定 HCl 溶液,为什么?

5. 草酸钠能否用来标定盐酸溶液?

5.3 氢氧化钠标准溶液的配制和标定

氢氧化钠固体具有强腐蚀性,取用时戴好手套。

实验目的

    1. 掌握氢氧化钠标准溶液的配制、保存和标定方法;
    2. 进一步学习天平、滴定管、移液管的使用;
    3. 掌握酚酞指示剂确定终点的方法;
    4. 了解邻苯二甲酸氢钾的性质与应用。

实验原理

    NaOH 具有强吸湿性,也容易吸收空气中的 CO_2,常含有 Na_2CO_3。因此, NaOH 标准溶液只能用间接法配制,即配成近似浓度的碱溶液,然后加以标定。

    标定 NaOH 溶液的基准物质有邻苯二甲酸氢钾和草酸等。也可以用标准酸溶液标定。

    1. 用邻苯二甲酸氢钾($KHC_8H_4O_4$)标定

    邻苯二甲酸氢钾易得纯品,在空气中不吸水,容易保存,是标定 NaOH 溶液的较好的基准物质。使用前在 $100 \sim 125℃$ 烘 $2 \sim 3$ h。它与 NaOH 的反应为:

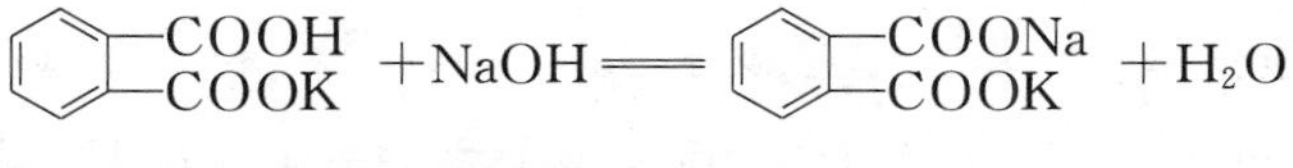

$$\text{(苯环)} \begin{matrix} -COOH \\ -COOK \end{matrix} + NaOH == \text{(苯环)} \begin{matrix} -COONa \\ -COOK \end{matrix} + H_2O$$

    化学计量点时溶液的 pH≈ 9.1,可选酚酞作指示剂。

    2. 用草酸($H_2C_2O_4 \cdot 2H_2O$)标定

    草酸易得纯品,稳定性也好。但草酸溶液不够稳定,能自动分解成 CO_2 和 CO,光照和催化剂能加速分解,所以制成溶液后应立即滴定。

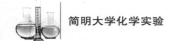

草酸是二元弱酸($K_{a1}=5.6\times10^{-2}$,$K_{a2}=5.4\times10^{-5}$),用 NaOH 滴定时,两级 H^+ 同时被中和。

$$H_2C_2O_4+2NaOH=\!=\!=Na_2C_2O_4+2H_2O$$

化学计量点时溶液 pH$\approx$8.4,可选酚酞作指示剂。

3. 用已知准确浓度的 HCl 标定

$$HCl+NaOH=\!=\!=NaCl+H_2O$$

化学计量点时溶液呈中性,pH 值突跃范围约为 4~10,可选用改良甲基橙、甲基红、溴甲酚绿—二甲基黄等作指示剂。

实验步骤

1. 0.1 mol·L^{-1} NaOH 溶液的配制

称取 NaOH 固体若干克。在烧杯中将 NaOH 固体溶于适量水后,转移至试剂瓶内,加水稀释至 500 mL,摇匀。

在要求较高的分析实验中,需要制备不含 CO_3^{2-} 的 NaOH 标准溶液。常用的方法有两种:

(1) 在配好的 NaOH 溶液中加入 1~2 mL 20% $BaCl_2$溶液,塞好橡胶塞,摇匀,放置过夜。将上层清液移至另一试剂瓶中待用。

(2) 在塑料容器中配制 50% NaOH 溶液,静置。待 Na_2CO_3 沉淀(它不溶于浓 NaOH 溶液)下沉后,吸取上层清液,用新煮沸并冷却的纯水稀释。

2. NaOH 溶液浓度的标定

(1) 按计算量$\pm$0.02 g,称取邻苯二甲酸氢钾三份,称准至 0.000 1 g。
(2) 加水 50 mL,溶解后加入 1 滴 1%酚酞指示剂。
(3) 用 NaOH 溶液滴定至溶液出现淡红色,0.5 min 内不褪色即到终点。

注意事项

1. NaOH 具有强腐蚀性,不要接触到皮肤、衣服等。称取固体 NaOH 时速度要尽可能地快;稀释好的 NaOH 溶液放入细口试剂瓶后,要立即用橡皮塞塞紧,防止吸收空气中的 CO_2。

2. $KHC_8H_4O_4$溶解较慢,要溶解完全后,才能滴定。

3. 近终点要慢滴多搅,要求加半滴到微红色并保持半分钟不褪色。

扩展实验

醋酸浓度的标定

用已标定好的 NaOH 标准溶液标定 $0.1\ mol \cdot L^{-1}$ HAc 溶液。

（1）用 25 mL 吸管移取 HAc 溶液。

（2）加 1 滴 1% 酚酞作指示剂。

思考题

1. 计算配制 500 mL $0.1\ mol \cdot L^{-1}$ NaOH 溶液所需的 NaOH 固体质量，如何称取固体 NaOH？

2. 盛放 NaOH 溶液的试剂瓶应用何种材质的塞子？

3. 计算标定 $0.1\ mol \cdot L^{-1}$ NaOH 溶液所需的邻苯二甲酸氢钾的质量。

4. 滴定中指示剂酚酞的用量对实验结果是否有影响？

5. 下列操作是否准确：

① 每次洗涤的操作液从吸管的上口倒出；

② 为了加速溶液的流出，用洗耳球把吸管内溶液吹出；

③ 吸取溶液时，吸管末端伸入溶液太多；转移溶液时，任其临空流下。

第六章 定量分析实验

📖 6.1 铵盐中氮含量的测定

安全提示

甲醛属于一类致癌物质，对人眼、鼻等有刺激作用，戴好防护设备，在通风橱中取用。

实验目的

1. 了解把弱酸强化、并可用酸碱滴定法直接滴定的方法；
2. 掌握用甲醛法测铵态氮的原理和方法；
3. 熟练掌握滴定及称量操作。

实验原理

铵盐 NH_4Cl 和 $(NH_4)_2SO_4$ 是常用的氮肥，系强酸弱碱盐。由于 NH_4^+ 的酸性太弱（$K_a = 5.7 \times 10^{-10}$），不能直接用 $NaOH$ 标准溶液准确滴定，因此在工业生产和实验室中广泛采用甲醛法测定铵盐中的含氮量。甲醛法原理基于如下反应：

$$4NH_4^+ + 6HCHO \Longrightarrow (CH_2)_6N_4H^+ + 3H^+ + 6H_2O$$

生成的 H^+ 和 $(CH_2)_6N_4H^+$（$K_a = 7.4 \times 10^{-6}$）可用 $NaOH$ 标准溶液滴定。滴定到计量点时，产物为 $(CH_2)_6N_4$，其水溶液显微碱性，可选用酚酞作指示剂，微红色保持 30 s 不褪色，即为终点。

$$(CH_2)_6N_4H^+ + 3H^+ + 4NaOH \Longrightarrow 4H_2O + (CH_2)_6N_4 + 4Na^+$$

实验步骤

1. 0.1 mol·L^{-1} NaOH 溶液的配制与标定

见实验 5.3。

2. 甲醛溶液的处理

取 20％甲醛溶液 30 mL 于烧杯中，加入 2～3 滴酚酞指示剂，用 0.1 mol·L^{-1} 的 NaOH 溶液中和至甲醛溶液呈微红色。（要不要记录 V_{NaOH}？）

3. 试样中含氮量的测定

方法 1：准确称取 0.15～0.20 g 试样三份，加 30 mL 水溶解后，加入 10 mL 20％中性甲醛溶液，加入 1～2 滴酚酞，摇匀。静置 5min 后，用 0.1 mol·L^{-1} NaOH 滴定至溶液呈微红色并保持 30 s 不褪色，即为终点。记录滴定所消耗的 NaOH 标准溶液的体积，根据 NaOH 标准溶液的浓度，计算试样中氮的含量。

方法 2：准确称取（放大量）2 g 左右的试样于小烧杯中，用适量蒸馏水溶解，定量地转移至 250 mL 容量瓶中，稀释至刻度，摇匀。

用移液管移取试液 25.00 mL 于 250 mL 锥形瓶中，加入 10 mL 20％中性甲醛溶液，再加入 1～2 滴酚酞指示剂，摇匀。静置 5 min 后，用 0.1 mol·L^{-1} NaOH 标准溶液滴定至溶液呈微红色，并保持 30 s 不褪色，即为终点。记录滴定所消耗的 NaOH 标准溶液的体积，平行做三份。根据 NaOH 标准溶液的浓度和滴定消耗的体积，计算试样中氮的含量。

注意事项

(1) 若甲醛中含有游离酸（甲醛受空气氧化所致，应在滴定前除去，否则产生正误差），则应以酚酞为指示剂，事先用 NaOH 溶液中和至微红色（pH≈8）。

(2) 若所测试样中含有游离酸（应除去，否则产生正误差），应事先以甲基红为指示剂，用 NaOH 溶液中和至黄色（pH≈6）（能否用酚酞指示剂）。

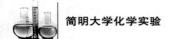

思考题

1. NH_4^+ 为 NH_3 的共轭酸，为什么不能直接用 NaOH 溶液滴定？

2. NH_4NO_3、NH_4Cl 或 NH_4HCO_3 中的含氮量能否用甲醛法测定？

3. 为什么中和甲醛中的游离酸用酚酞指示剂，而中和 $(NH_4)_2SO_4$ 试样中的游离酸用甲基红指示剂？

6.2 阿司匹林药片中乙酰水杨酸含量的测定

实验目的

1. 学习阿司匹林药片中乙酰水杨酸含量的测定方法；
2. 学习利用滴定方法分析药品。

实验原理

阿司匹林曾经是国内外广泛使用的解热镇痛药，它的主要成分是乙酰水杨酸。乙酰水杨酸是有机弱酸（$K_a = 1 \times 10^{-3}$），结构式为 ![苯环 COOH OCOCH₃]，摩尔质量为 180.16 g·mol^{-1}，微溶于水，易溶于乙醇。在强碱性溶液中溶解，并分解为水杨酸（邻羟基苯甲酸）和乙酸盐，反应式如下：

$$\text{（COOH/OCOCH}_3\text{苯环）} + 3OH^- \Longrightarrow \text{（COO}^-\text{/O}^-\text{苯环）} + CH_3COO^- + 2H_2O$$

水杨酸（邻羟基苯甲酸）易升华，随水蒸气一同挥发。水杨酸的酸性较苯甲酸强，可与 Na_2CO_3 或 $NaHCO_3$ 中和，失去羧基上的活泼氢，也可与 NaOH 中和。

由于药片中一般都添加一定量的赋形剂，如硬脂酸镁、淀粉等不溶物，不宜直接滴定，可采用返滴定法进行测定，方法如下：将药片研磨成粉状后加入过量的 NaOH 标准溶液，加热一段时间使乙酰基水解完全，再用 HCl 标准溶液返滴过量的 NaOH，（碱液在受热时易吸收 CO_2，用酸返滴定时会影响测定结果，故需要在同样条件下进行空白校正）滴定至溶液由红色变为接近无色（或恰褪至无色）即为终点。在这一滴定反应中，1 mol 乙酰水杨酸消耗 2 mol NaOH。

实验步骤

1. 0.1 mol·L^{-1} HCl 的标定

准确称取 0.13～0.15 g 无水 Na_2CO_3，置于 250 mL 锥形瓶中，加入 20～

30 mL 蒸馏水使之溶解后,滴加甲基橙指示剂 2 滴,用待标定的 HCl 溶液滴定,溶液由黄色变为橙色即为终点。平行测定 3 次,计算 HCl 的浓度。

2. 药片中乙酰水杨酸含量的测定

领取 n 片药片,称其总质量(准至 0.000 1 g),在研钵中将其充分研磨后,转入称量瓶中。准确称取约 0.6 ± 0.05 g 药粉,于干燥的 100 mL 烧杯中,用移液管准确加入 25.00 mL 1 mol·L^{-1} NaOH 标准溶液后,盖上表面皿,轻摇几下,水浴加热 15 min,迅速用流水冷却,将烧杯中的溶液定量转移至 100 mL 容量瓶中,用蒸馏水稀释至刻度线,摇匀。

准确移取 10.00 mL 上述试液于 250 mL 锥形瓶中,加入 20～30 mL 水,加入 2 滴酚酞指示剂,用 0.1 mol·L^{-1} HCl 标准溶液滴至红色刚刚消失,即为终点。根据所消耗的 HCl 溶液的体积,计算药片中乙酰水杨酸的质量分数及每片药剂中乙酰水杨酸的质量(g/片)。

3. 空白试验(即 NaOH 溶液的标定)

用移液管准确移取 25.00 mL 1 mol·L^{-1} NaOH 溶液于 100 mL 烧杯中,在与测定药粉相同的实验条件下进行加热,冷却后,定量转移至 100 mL 容量瓶中,稀释至刻度,摇匀。准确移取 10.00 mL 上述试液于 250 mL 锥形瓶中,加 20～30 mL 水,加入 2 滴酚酞指示剂,用 0.1 mol·L^{-1} HCl 标准溶液滴定,至红色刚刚消失即为终点。平行测定 3 份,计算 V_{NaOH}/V_{HCl} 值或 c_{NaOH}。

注意事项

(1) 需做空白试验。由于 NaOH 溶液在加热过程中会受空气中 CO_2 的干扰,给测定造成一定程度的系统误差。在与测定样品相同的条件下,测定两种溶液的体积比,就可扣除空白值。

(2) 用返滴定法测定药片中的乙酰水杨酸含量时,水浴加热 15 min,迅速用流水冷却(以防水杨酸挥发、热溶液吸收空气中的 CO_2 以及避免淀粉、糊精等进一步水解)。

(3) 水解后的阿司匹林溶液不必过滤,带着沉淀转移至容量瓶中,注意上清液的移取。

(4) 实验内容较多,先行处理样品,加碱水解阿司匹林;再行标定 HCl 或测定体积比。

思考题

1. 在测定药片的实验中，为什么 1 mol 乙酰水杨酸消耗 2 mol NaOH，而不是 3 mol NaOH？返滴后的溶液中，水解产物的存在形式是什么？

2. 请列出计算药片中乙酰水杨酸含量的关系式。

3. 若测定的是乙酰水杨酸纯品(晶体)，可否采用直接滴定法？

6.3 EDTA 标准溶液的配制与标定

实验目的

1. 学习配位滴定的原理,了解配位滴定的特点;

2. 学习 EDTA 标准溶液的配制和标定方法;

3. 了解金属指示剂的特点,熟悉二甲酚橙、铬黑 T 指示剂的使用及终点颜色的变化。

实验原理

EDTA 标准溶液
的配制与标定
(铬黑 T)

EDTA 即乙二胺四乙酸 H_4Y(本身是四元酸),由于在水中的溶解度很小,通常用 EDTA 二钠盐。EDTA 与金属离子形成螯合物时,络合比皆为 1∶1。

EDTA 因常吸附 0.3% 的水分且其中含有少量杂质而不能直接配制标准溶液,通常先把 EDTA 配制成所需的大概浓度,然后用基准物质标定。标定 EDTA 的基准物质有纯的金属(>99.95%):如 Cu、Zn、Ni、Pb 以及它们的氧化物或某些盐类:如 ZnO、$CaCO_3$、$MgSO_4 \cdot 7H_2O$ 等。

显色原理:

在络合滴定时,与金属离子生成有色络合物来指示滴定过程中金属离子浓度的变化。

$$M + In \rightleftharpoons MIn$$
$$颜色甲 \quad 颜色乙$$

滴入 EDTA 后,金属离子逐步被络合,当达到反应化学计量点时,已与指

示剂(In)络合的金属离子被 EDTA 夺出,释放出指示剂的颜色:

$$MIn+Y \rightleftharpoons MY+In$$

颜色乙　　　　　　颜色甲

指示剂变化的 pMep 应尽量与化学计量点的 pMsp 一致。金属离子指示剂一般为有机弱酸,存在着酸效应,要求显色灵敏,迅速,稳定。

实验步骤

1. $0.01 \text{ mol} \cdot \text{L}^{-1}$ Zn^{2+} 标准溶液的配制

用直接称量法准确称取 0.15～0.2 g 锌片,置于 100 mL 小烧杯中,盖上表面皿,用滴管从烧杯口尖嘴空隙处加入 5 mL 1:1 盐酸,待锌片溶解后,吹洗表面皿、杯壁,小心地将溶液转移至 250 mL 容量瓶中,用纯水稀释至标线,摇匀。

2. $0.01 \text{ mol} \cdot \text{L}^{-1}$ EDTA 标准溶液的配制

称取计算量的 EDTA 二钠盐在烧杯中,加入适量水,搅拌溶解,转移到试剂瓶中,稀释至所需体积。

3. 标定 EDTA 标准溶液(Zn 为工作基准试剂)

(1) 用铬黑 T 作指示剂(pH=10)

准确移取 25.00 mL Zn^{2+} 标准溶液,边搅边滴加 1:1 氨水至开始析出 $Zn(OH)_2$ 白色沉淀,加入 5 mL NH_3-NH_4Cl 缓冲溶液,50 mL 水,3 滴 0.5% 铬黑 T 指示剂,用 EDTA 标准溶液滴定至溶液由酒红色变为纯蓝色,即为终点。重复标定两次。计算 EDTA 的浓度。

(2) 用二甲酚橙作指示剂(pH=5～6)

准确移取 25.00 mL Zn^{2+} 标准溶液,加入 50 mL 水,3 滴 0.2% 二甲酚橙指示剂,然后加 5 mL 30% 六亚甲基四胺溶液,用 EDTA 标准溶液滴定至溶液由紫红色变为纯黄色,即为终点。重复标定两次。计算 EDTA 的浓度。

注意事项

1. 如果锌片溶解较慢或者有黑色颗粒,可适当加热促使其溶解;
2. 配制好的锌标准溶液要充分摇匀;
3. 滴加氨水调节 pH 时应该边滴边搅,防止滴过不出现沉淀;
4. 配位滴定终点是竞争反应,因此应该慢滴多搅,防止终点滴过。

思考题

1. 若配好的 Zn^{2+} 标准溶液没有摇匀,将对标定产生什么后果?

2. 为什么用乙二胺四乙酸的二钠盐配制 EDTA 溶液,而不用其酸?

3. 以铬黑 T 为指示剂时,变色最适宜的 pH 范围在何处?用什么方法调节 pH?如果溶液的 pH>11.6,结果将如何?为什么?

4. 某学生在调 pH=10 的操作中,加入很多氨水后仍不见有白色沉淀出现。试分析原因何在?应如何避免这一差错?

5. 本实验介绍了两种标定 EDTA 浓度的方法,在工作中应如何选择?

6.4 水样总硬度的测定

实验目的

1. 了解水的硬度的测定意义和常用的硬度表示方法；
2. 掌握 EDTA 测定水的硬度的原理和方法；
3. 掌握铬黑 T、钙指示剂的使用条件和滴定终点颜色的变化；
4. 理解酸度条件、干扰离子对配位滴定的影响；
5. 培养学生分析问题、解决问题的能力和创新的能力。

实验原理

水硬度的测定

水的总硬度是一种古老的概念，最初是指水沉淀肥皂的能力。使肥皂沉淀的主要原因是水中存在钙、镁离子。总硬度是指水中钙、镁离子的总浓度，包括碳酸盐硬度（也叫暂时硬度，即通过加热方式能以碳酸盐形式沉淀下来的钙、镁离子）和非碳酸盐硬度（亦称永久硬度，即通过加热后不能沉淀下来的那部分钙、镁离子）。硬度对工业用水关系很大，尤其是锅炉用水，各种工业对用水的硬度都有一定的要求。饮用水的硬度过高，会影响肠胃的消化功能，我国生活饮用水卫生标准中规定总硬度（以 $CaCO_3$ 计）不得超过 450 mg $\cdot$ L^{-1}。

水的硬度通常分为总硬度和钙、镁硬度。总硬度指钙盐和镁盐的含量，钙、镁硬度则是分别指两者的含量。水的硬度是水质控制的一个重要指标。

各国表示水的硬度的单位不同，我国通常以 1 mg $\cdot$ L^{-1} $CaCO_3$ 或 10 mg $\cdot$ L^{-1} CaO 表示水的硬度。测定水的硬度时，通常在两个等份试样中进行：一份测定 Ca^{2+}、Mg^{2+} 含量，另一份测定 Ca^{2+} 的量，由两者所用 EDTA 体积之差即可求出 Mg^{2+} 的量。

测定 Ca^{2+}、Mg^{2+} 含量时，在 pH＝10 的氨性缓冲溶液中，以铬黑 T（EBT）为指示剂，用 EDTA 滴定至酒红色变为纯蓝色，即为终点。

测定 Ca^{2+} 时，调节 pH＝12，使 Mg^{2+} 形成 $Mg(OH)_2$ 沉淀，用专有的钙指示剂，以 EDTA 滴至红色变成纯蓝色，即为终点。

测定时水中含有其他干扰离子时，可选用掩蔽方法消除，如 Fe^{3+}、Al^{3+} 可用三乙醇胺掩蔽;Cu^{2+}、Pb^{2+}、Zn^{2+} 等可用 KCN 或 Na_2S 掩蔽。

实验步骤

1. 总硬度的测定

用 100 mL 吸管移取三份水样,分别加入 5 mL NH_3-NH_4Cl 缓冲溶液,2～3 滴铬黑 T 指示剂。用 EDTA 标准溶液滴定,溶液由酒红色变为纯蓝色,即为终点。

2. 钙硬度测定

用 100 mL 吸管移取三份水样,分别加入 2 mL 6 mol·L^{-1} NaOH 溶液,5～6 滴钙指示剂。用 EDTA 标准溶液滴定,溶液由酒红色变为纯蓝色,即为终点。

注意事项

(1) 铬黑 T 与 Mg^{2+} 显色的灵敏度高,与 Ca^{2+} 显色的灵敏度低,当水样中钙含量很高而镁含量很低时,往往得不到敏锐的终点。可在水样中加入少许 Mg-EDTA,利用置换滴定法的原理来提高终点变色的敏锐性,或者改用 K-B 指示剂。

(2) 滴定时,因反应速度较慢,在接近终点时,标准溶液应慢慢滴加,并充分摇动。

实验结果的表达

(1) 总硬度:计算三份水样的总硬度(mg·L^{-1} $CaCO_3$),求平均值(包括 S、T 等处理),将总硬度转化为德国度(德国度,每一度即相当于每升水中含有 10 mg CaO),说明水样是否符合饮用水标准。在《生活饮用水的水质标准》中规定,总硬度(以碳酸钙计)小于 450 mg·L^{-1},也可用小于 250 mg·L^{-1}(以氧化钙计);也有采用 1 L 水中含有氧化钙 10 mg 或氧化镁 7.2 mg 称为 1 个德国度,简称 1 度,记为 1 °G,则生活饮用水的硬度小于 25 °G。

(2) 钙硬度:取三次测定钙硬度时所得的 EDTA 标准液体积 V_2 的平均值,计算钙硬度(mg·L^{-1} Ca^{2+});

(3) 镁硬度:取三次测定总硬度时所得的 EDTA 标准液体积 V_1 的平均值,由体积 V_1 的平均值和体积 V_2 的平均值,计算镁硬度(mg·L^{-1} Mg^{2+})。

思考题

1. 为什么测定钙、镁总量时,要控制 pH＝10? 叙述它的测定条件。

2. 测定总硬度时,溶液中发生了哪些反应,它们如何竞争?

3. 如果待测液中只含有 Ca^{2+},能否用铬黑 T 为指示剂进行测定?

4. 怎样减少测定钙硬度时的返红现象?

📖 6.5　胃舒平药片中铝和镁的测定

1. 六亚甲基四胺属于易制爆药品,具腐蚀性,可致人体灼伤,接触可引起皮炎,奇痒,取用时戴好手套;
2. 氨水易挥发,对眼、鼻、皮肤有刺激性和腐蚀性,戴好防护设备(护目镜、手套、口罩),在通风橱中取用;
3. 浓盐酸易挥发,具强腐蚀性,做好安全防护(护目镜和手套);
4. 药片研磨时注意粉尘,佩戴口罩。

实验目的

1. 学习药剂测定的前处理方法;
2. 学习用返滴定法测定铝的方法;
3. 了解 pH 对金属离子配位反应的影响。

实验原理

胃舒平是一种治疗胃酸过多的药物,主要成分为氢氧化铝、三硅酸镁及少量中药颠茄流浸膏,还有淀粉、滑石粉和液体石蜡等辅料。药片中 Al 和 Mg 的含量可用 EDTA 配位滴定法测定。

由于 Al^{3+} 与 EDTA 的配位反应速度慢、对二甲酚橙指示剂有封闭作用,且在酸度不高时会发生水解,因此须采用返滴定法进行测定。首先,溶解样品,分离除去水不溶物质,然后,分取试液,加入准确过量的 EDTA 标准溶液,调节 pH 至 4 左右,煮沸使 EDTA 与 Al^{3+} 配位完全,以二甲酚橙为指示剂,用 Zn^{2+} 标准溶液返滴过量的 EDTA,溶液颜色由亮黄色变为紫红色,即为终点。测出 Al 含量,按药典要求以 Al_2O_3 计算有效成分。

另取试液,加三乙醇胺掩蔽 Al^{3+} 后,在 pH=10 的条件下以铬黑 T 作指示剂,用 EDTA 标准溶液直接滴定,测定 Mg^{2+} 含量,按药典要求,以 MgO 计算有效成分。

实验步骤

1. 样品处理

称取胃舒平药片 20 片,研细后从中准确称取药粉 2 g 左右,加入 20 mL HCl(1∶1),加 50 mL 蒸馏水,煮沸 10min。冷却后过滤,并以水洗涤沉淀,收集滤液及洗涤液于 250 mL 容量瓶中,稀释至刻度,摇匀。

2. 铝的测定

准确吸取上述试液 5.00 mL,加水至 25 mL 左右,滴加 1∶1 NH$_3$·H$_2$O 溶液至刚出现浑浊,再加 1∶1 HCl 溶液至沉淀恰好溶解,准确加入 0.015 mol·L^{-1} EDTA 标准溶液 30.00 mL,煮沸 3~5 min。冷却后,加入 10 mL 六亚甲基四胺溶液,加入二甲酚橙指示剂 3 滴,以 0.01 mol·L^{-1} Zn^{2+} 标准溶液滴定至溶液由黄色变为橙色,即为终点。计算药片中 Al$_2$O$_3$ 质量分数。平行测定三次。

3. 镁的测定

准确吸取试液 25.00 mL,加入 20 mL 三乙醇胺溶液,搅拌 2 min,再加 50 mL 纯水和 20 mL NH$_3$-NH$_4$Cl 缓冲溶液。静置片刻,加 3 滴铬黑 T 指示剂,搅匀,用 0.015 mol·L^{-1} EDTA 标准溶液直接滴定。当溶液颜色由酒红色变为纯蓝色,即为终点。计算药片中 MgO 的质量分数。平行测定三次。

注意事项

(1) 为使测定结果具有代表性,应取较多样品,研细后再取部分进行分析。取胃舒平药片 20 片,准确称量后,放在研钵中研细,保存在称量瓶中作为测试试样。计算每片药片的平均质量。

(2) 分析结果按药典要求,分别以每片药片含 Al$_2$O$_3$、MgO 的质量(mg/片)表示。

思考题

1. 本实验为什么要称取放大量样品后,再分取部分试液进行滴定?

2. 在测定铝时,为什么不能采用直接滴定法?

3. 在测定镁时,为什么要加三乙醇胺?

6.6　高锰酸钾标准溶液的配制与标定

实验目的

1. 了解和掌握高锰酸钾法的原理和应用;
2. 掌握高锰酸钾标准溶液的配制和标定方法,以及标定反应的条件;
3. 学习玻璃砂芯漏斗的使用。

实验原理

高锰酸钾溶液的配制和标定

　　市售 $KMnO_4$ 试剂中常含有少量 MnO_2 和其他杂质,如硫酸盐、氯化物及硝酸盐等;同时,$KMnO_4$ 氧化性强,易与存在于蒸馏水中的微量有机物作用,析出 $MnO_2 \cdot nH_2O$ 沉淀,而二氧化锰能促进 $KMnO_4$ 自身分解,见光分解更快。因此,$KMnO_4$ 溶液的浓度容易改变,不能用直接法配制准确浓度的标准溶液。

　　$KMnO_4$ 标准溶液的准确浓度,可用 As_2O_3、纯铁丝或 $Na_2C_2O_4$ 等基准物质标定。其中,$Na_2C_2O_4$ 不含结晶水,性质稳定,易制纯,是标定 $KMnO_4$ 溶液最常用的一种基准物质,滴定反应式为:

$$2MnO_4^- + 5C_2O_4^{2-} + 16H^+ =\!=\!= 2Mn^{2+} + 10CO_2 \uparrow + 8H_2O$$

滴定时利用 MnO_4^- 本身的紫红色,指示滴定终点。

实验步骤

1. $0.02\ mol \cdot L^{-1} KMnO_4$ 溶液的配制

称取计算量的 $KMnO_4$ 固体,加入适量的纯水,待其溶解后,尽量转移到洁净的棕色试剂瓶中,用水稀释至 500 mL,塞好塞子,摇匀,静置 7～10 天。用 $3^{\#}$ 玻璃砂芯漏斗过滤,滤液贮存于棕色瓶中,摇匀,待标定。急用时,将溶液煮沸并保持微沸 1 小时,冷却后过滤,标定。

2. 用 $Na_2C_2O_4$ 标定 $KMnO_4$ 溶液

准确称取 0.15 g 左右 $Na_2C_2O_4$ 三份,分别置于 250 mL 烧杯中,加 50 mL 水使其溶解,加入 10 mL 3 mol·L^{-1} H_2SO_4 溶液,在水浴上加热至 70～85 ℃ (刚开始冒蒸气时的温度),趁热,用待标定的 $KMnO_4$ 溶液滴定。开始时滴加速度应慢,待溶液中产生了 Mn^{2+} 后,滴定速度可适当加快,但仍需逐滴加入,加至溶液呈现微红色并持续保持 30 s 不褪色,即为终点。计算出 $KMnO_4$ 溶液的浓度。

注意事项

(1) 蒸馏水中常含有少量的还原性物质,使 $KMnO_4$ 还原为 MnO_2·nH_2O;市售高锰酸钾内所含的细粉状 MnO_2·nH_2O 也能加速 $KMnO_4$ 的分解。故通常将 $KMnO_4$ 溶液煮沸一段时间,冷却后,还需放置 2～3 天,使之充分作用,然后将沉淀物过滤除去。

(2) MnO_4^- 与 $C_2O_4^{2-}$ 反应条件的控制

a. 温度:在室温下,这个反应的速率缓慢,因此常将溶液加热至 343～358 K 进行滴定。但温度不宜过高,若高于 358 K,会使部分 $H_2C_2O_4$ 发生分解:

$$H_2C_2O_4 =\!=\!= CO_2\uparrow + CO\uparrow + H_2O$$

b. 酸度:酸度过低,$KMnO_4$ 易分解为 MnO_2;酸度过高,会促使 $H_2C_2O_4$ 分解。通常,滴定开始时的酸度,应控制在 [H^+]=0.5～1 mol·L^{-1}。

c. 滴定速度:先慢—后快—再慢。开始滴定时速度要慢,否则 MnO_4^- 会分解:

$$4MnO_4^- + 12H^+ =\!=\!= 4Mn^{2+} + 5O_2\uparrow + 6H_2O$$
$$4MnO_4^- + 4H^+ =\!=\!= 4MnO_2\downarrow + 3O_2\uparrow + 2H_2O$$

使得滴定结果不准确。为此,在第一滴 $KMnO_4$ 溶液滴入后,不能搅拌,让其自然褪去紫红色后,才能滴入第二滴。随着反应进行,生成的 Mn^{2+} 是反应的自催化剂,可催化反应速度加快,可以正常速度滴定。临近滴定终点,滴定速度应放慢。

d. 滴定终点：滴定终点时，颜色出现半分钟不褪色，即为终点到达。放置时间延长，过量的 MnO_4^- 会被空气中还原性物质还原而使颜色褪去。

e. 由于 $KMnO_4$ 溶液颜色较深，弯液面最低点不易看清，因此，应该从液面最高边上读数。

思考题

1. 配制 $KMnO_4$ 溶液应注意些什么？用基准物质 $Na_2C_2O_4$ 标定 $KMnO_4$ 时，应在什么条件下进行？

2. 高锰酸钾在中性、强酸性或强碱性溶液中进行反应时，它的还原产物有何不同？

3. 若高锰酸钾溶液滴入过快，将会引起什么误差？

6.7 补钙制剂中钙含量的测定

1. 氨水易挥发,对眼、鼻、皮肤有刺激性和腐蚀性,戴好防护设备(护目镜、手套、口罩),在通风橱中取用;
2. 浓盐酸易挥发,具强腐蚀性,做好安全防护(护目镜和手套);
3. 水浴加热时防止烫伤。

实验目的

1. 学习用均匀沉淀法制备大颗粒晶形沉淀;
2. 了解沉淀分离的基本要求及操作;
3. 掌握氧化还原滴定法间接测定钙含量的基本原理。

实验原理

利用某些金属离子(如碱土金属、Pb^{2+}、Cd^{2+} 等)与 $C_2O_4^{2-}$ 能形成难溶草酸盐沉淀的性质,可以用高锰酸钾法间接测定它们的含量。

用高锰酸钾法测定补钙制剂中的钙含量时,首先将样品用盐酸溶解制成试液,然后将 Ca^{2+} 转化为 CaC_2O_4 沉淀。将沉淀过滤、洗净,用稀 H_2SO_4 溶解后,用 $KMnO_4$ 标准溶液间接滴定与 Ca^{2+} 相当的 $C_2O_4^{2-}$。最后,根据 $KMnO_4$ 溶液的用量和浓度计算出试样中钙含量。

反应方程式:

$$Ca^{2+} + C_2O_4^{2-} = CaC_2O_4 \downarrow$$
$$CaC_2O_4 + H_2SO_4 = CaSO_4 + H_2C_2O_4$$
$$5H_2C_2O_4 + 2MnO_4^- + 6H^+ = 2Mn^{2+} + 10CO_2 \uparrow + 8H_2O$$

实验步骤

取 10 片钙片,准确称量后,放在研钵中研细,保存在称量瓶中作为测试试样,并计算每片钙片的平均质量(mg/片)。

　　准确称取试样两份,分别置于 250 mL 烧杯中,加入适量蒸馏水,盖上表面皿,缓慢滴加 10 mL 1:1 HCl 溶液,同时不断摇动烧杯使样品溶解(加完 HCl 后可以水浴加热促使其溶解)。用洗瓶冲洗表面皿及烧杯壁,慢慢加入 20 mL 1%(NH$_4$)$_2$C$_2$O$_4$ 溶液,用水稀释至 100 mL,加入 3 滴 0.1%甲基橙,水浴加热至 343～353 K,在不断搅拌下滴加 1:1 氨水至溶液刚刚变成黄色,继续在水浴上加热陈化 40～60 min。若溶液返红,可再滴加少许氨水,冷却至室温后,以下述方式过滤。

　　先用倾泻法将上层清液倾入漏斗中,尽量使沉淀留在烧杯中。用 0.1%(NH$_4$)$_2$C$_2$O$_4$ 溶液洗涤烧杯中的沉淀三次,每次约 15 mL(加入洗涤液后要充分搅拌沉淀,稍加澄清后再把洗涤液倾泻到滤纸上)。最后,用纯水将烧杯中的沉淀洗涤数次后全部转移入漏斗中,继续洗涤沉淀至无 Cl$^-$(以小试管接洗液在 HNO$_3$ 介质中用 AgNO$_3$ 检查)。

　　将带有沉淀的滤纸铺在原烧杯的内壁上,用 60 mL 1 mol·L^{-1} H$_2$SO$_4$ 把沉淀由滤纸上洗入烧杯中,再用洗瓶水洗 2 次。加入蒸馏水,使总体积约为 100 mL,加热至 70～85 ℃,用 KMnO$_4$ 标准溶液滴定至溶液呈淡红色,再将滤纸搅入溶液中,若溶液褪色,则继续滴定,直至出现的淡红色且 30 s 内不消失即为终点。计算补钙制剂中钙的含量(Ca^{2+},mg/片)。

注意事项

　　(1) 用(NH$_4$)$_2$C$_2$O$_4$ 沉淀 Ca^{2+} 时一定要控制溶液的 pH,避免因溶液酸度过大使得沉淀量减少。

　　(2) 注意观察溶液颜色的变化,控制滴定速度,防止超过滴定终点。

　　(3) 实验时必须把滤纸上的沉淀洗涤干净,最后滤纸一定要放入烧杯中一起滴定。

思考题

　　1. 以草酸铵沉淀钙离子时,pH 控制为多少? 为什么?

　　2. 为什么要在热溶液中滴加氨水?

　　3. 洗涤草酸钙沉淀时,为什么要先用稀草酸铵溶液洗,然后再用纯水洗至无氯离子?

　　4. 在滴定过程中,高锰酸钾标准溶液能否直接滴到滤纸上? 若滴到滤纸上将可能产生什么后果? 能否在滴定开始时就把滤纸连同沉淀一起浸入硫酸溶液中?

　　5. 试比较高锰酸钾法测钙和配位滴定法测钙的优缺点。

6.8 消毒水中过氧化氢含量的测定

过氧化氢属于易制爆药品,高浓度过氧化氢有强腐蚀性,接触皮肤会发生刺激性灼伤,取用时佩戴手套。

实验目的

1. 熟练掌握 $KMnO_4$ 滴定法;
2. 掌握用 $KMnO_4$ 法测定 H_2O_2 含量的原理及方法。

实验原理

双氧水具有广泛的用途。利用其氧化性,可对羊毛、生丝、棉织物等进行漂白;医药上常用之于消毒和杀菌,医用双氧水浓度等于或低于 3%;纯的过氧化氢可用作火箭动力助燃剂。

H_2O_2 分子中有一个过氧键—O—O—,它既有氧化性又有还原性。在酸性溶液中,H_2O_2 是一个较强氧化剂,但遇 $KMnO_4$ 时表现为还原剂。在稀硫酸溶液中,H_2O_2 能定量地被 $KMnO_4$ 氧化,可用高锰酸钾法测定过氧化氢的含量,其反应式为:

$$2MnO_4^- + 5H_2O_2 + 6H^+ == 2Mn^{2+} + 5O_2\uparrow + 8H_2O$$

此反应可在室温下进行。开始时反应速度较慢,随着 Mn^{2+} 的产生反应速度会逐渐加快。因为 H_2O_2 不稳定,反应不能加热,滴定时的速度仍不能太快。测定时,移取一定体积 H_2O_2 的稀释液,用 $KMnO_4$ 标准溶液滴定至终点。根据 $KMnO_4$ 溶液的浓度和所消耗的体积,计算 H_2O_2 的含量。

生物化学中,也常利用此法间接测定过氧化氢酶的活性。在血液中加入一定量的 H_2O_2,其中的过氧化氢酶能使过氧化氢分解,酶催化作用进行一段时间后,在酸性条件下用标准 $KMnO_4$ 溶液滴定剩余的 H_2O_2,就可以了解酶的活性。

实验步骤

用移液管吸取一定体积实验室提供的样品溶液（10.00 mL 3‰ H_2O_2）于 250 mL 容量瓶中，加水稀释至刻度，充分摇匀。用移液管移取 25.00 mL 此溶液，置于锥形瓶中，加 20 mL 水，10 mL 3 mol·L^{-1} H_2SO_4。用 $KMnO_4$ 标准溶液滴至微红色，并在 30 s 内不褪色，即为终点。平行滴定 3 次。

注意事项

避免用手直接接触高浓度过氧化氢溶液，因可发生刺激性灼伤。

数据记录与结果处理

写出有关计算公式，根据实验数据计算出 H_2O_2 的质量体积百分含量。

思考题

1. 用 $KMnO_4$ 法测定 H_2O_2 含量时，能否用 HNO_3、HCl 或 HAc 来调节溶液酸度？为什么？

2. 用 $KMnO_4$ 法测定 H_2O_2 含量时，能否在加热条件下滴定？为什么？

3. H_2O_2 有哪些重要性质，使用时应注意什么？

6.9 水中化学需氧量(COD)的测定

水浴加热时防止烫伤。

实验目的

1. 掌握 $KMnO_4$ 法测定水中 COD 含量的原理和方法；
2. 了解水样的采集及保存方法；
3. 了解水中化学需氧量与水质污染的关系。

实验原理

　　化学需氧量(简称 COD)是量度水中还原性污染物的重要指标之一。水中还原性物质众多,包括有机物以及亚硝酸盐、硫化物、亚铁盐等无机物。COD 是指水体中还原性物质在规定条件下进行化学氧化过程中所消耗氧化剂的量,以每升多少毫克氧表示($O_2/mg \cdot L^{-1}$)。水中各种有机物进行化学氧化反应的难易程度是不同的,因此化学需氧量只表示在规定条件下,水中可被氧化物质的需氧量的总和,反映了水中受还原性物质污染的程度。COD 的数值越大,则水体污染越严重。一般洁净饮用水的 COD 值为每升几到十几毫克。

　　当前测定化学需氧量常用的方法有 $KMnO_4$ 和 $K_2Cr_2O_7$ 法,前者用于测定较清洁的水样,后者用于污染严重的水样和工业废水。本实验只讨论 $KMnO_4$ 法。

　　测定时,在水样中加入 H_2SO_4 及一定量的 $KMnO_4$ 溶液,置沸水浴中加热,使其中的还原性物质氧化。剩余的 $KMnO_4$ 用一定量过量的 $Na_2C_2O_4$ 还原,再以 $KMnO_4$ 标准溶液返滴定 $Na_2C_2O_4$ 的过量部分。反应式如下：

$$4MnO_4^- + 5C + 12H^+ = 4Mn^{2+} + 5CO_2 \uparrow + 6H_2O$$
$$2MnO_4^- + 5C_2O_4^{2-} + 16H^+ = 2Mn^{2+} + 10CO_2 \uparrow + 8H_2O$$

　　由于 Cl^- 对此法有干扰,因而本法只适用于地表水、地下水、饮用水和生活污水中 COD 的测定。含 Cl^- 较高的工业废水,则应采用 $K_2Cr_2O_7$ 法测定。

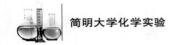
实验步骤

1. $Na_2C_2O_4$ 标准溶液的配制

准确称取 $0.15\sim0.17$ g 干燥过的 $Na_2C_2O_4$ 于小烧杯中,加水溶解后定量转移至 250 mL 容量瓶中,加水稀释至刻度线,摇匀。

2. 0.002 mol·L^{-1} $KMnO_4$ 标准溶液的配制及标定

称取 $KMnO_4$ 固体约 0.16 g 溶于 500 mL 水中,盖上表面皿,加热至沸腾并保持在微沸状态 1 h。冷却后,用微孔玻璃漏斗过滤,滤液存于棕色试剂瓶中。

准确移取 25.00 mL 标准 $Na_2C_2O_4$ 溶液于 250 mL 锥形瓶中,加入 5 mL $H_2SO_4(1:3)$,在水浴上加热到 $70\sim85$ ℃,用 $KMnO_4$ 溶液滴定。滴定速度按"慢—快—慢"的顺序滴加,至溶液呈微红色时停止滴加,记录数据,平行滴定三次。

3. 水样中需氧量的测定

准确移取 100.00 mL 水样,置于 250 mL 锥形瓶中,加入 5 mL $H_2SO_4(1:3)$ 后放在加热器上加热至微沸,再准确加入 10.00 mL(记体积 V_1)0.002 mol·L^{-1} $KMnO_4$ 溶液,立即加热至沸并持续 10 min。取下锥形瓶,趁热用移液管移入 10.00 mL $Na_2C_2O_4$ 标准溶液,摇匀,此时溶液由红色变为无色,趁热用 0.002 mol·L^{-1} $KMnO_4$ 标准溶液回滴至出现稳定的淡红色,即为终点,记录回滴的体积 (V_2)。平行滴定三次。

4. 空白样耗氧量的测定

准确移取 100.00 mL 蒸馏水,置于 250 mL 锥形瓶中,后续操作如上文所述,记录数据。计算耗氧量时将空白值减去。

注意事项

(1) 水样采集后,应加入 H_2SO_4,使 pH<2,抑制微生物繁殖。试样尽快分析,必要时可在 $0\sim5$ ℃保存,且应在 48 h 内测定。洁净透明的水样取 100 mL,污染严重、混浊的水样取 $10\sim30$ mL,补加蒸馏水至 100 mL。

（2）在水浴加热完毕后，溶液仍应保持淡红色。如变浅或全部褪去，说明高锰酸钾的用量不够。此时，应将水样稀释倍数加大，重新测定。

（3）在酸性条件下，草酸钠和高锰酸钾的反应温度应保持在 70～85 ℃，所以滴定操作必须趁热进行。若溶液温度过低，需适当加热。

实验结果

按下式计算化学耗氧量（高锰酸钾指数）

$$COD(O_2 \ mg \cdot L^{-1}) = \frac{\left[\dfrac{5}{4} c_{MnO_4^-} (V_1 + V_2)_{MnO_4^-} - \dfrac{1}{2} (cV)_{C_2O_4^{2-}} \right] \times 32.00 \times 1\,000}{V_{水样}}$$

式中，V_1 为第一次加入 $KMnO_4$ 溶液的体积，V_2 为第二次加入 $KMnO_4$ 溶液的体积。

思考题

水样中 Cl^- 含量高时，对测定高锰酸钾指数有何干扰？应采取什么方法消除？

📖 6.10 铁矿中铁的测定(无汞定铁法)

安全提示

1. 重铬酸钾为致癌物质,具强腐蚀性、刺激性,可致人体灼伤,取用时佩戴好手套和护目镜;
2. 硫-磷混合酸有强腐蚀性,取用时佩戴好手套和护目镜;
3. 含铬废液和固体需要专门回收。

实验目的

1. 学习用酸分解矿石试样的方法;
2. 掌握重铬酸钾法测定铁的基本原理和方法;
3. 了解预氧化还原的目的和方法。

实验原理

铁矿的主要成分是 $Fe_2O_3 \cdot xH_2O$。对铁矿来说,盐酸是很好的溶剂,溶解后生成的 Fe^{3+} 离子,必须用还原剂将它预先还原,才能用氧化剂 $K_2Cr_2O_7$ 溶液滴定。重铬酸钾法是测铁的国家标准方法,在测定合金、矿石、金属盐及硅酸盐等的含铁量时具有很大实用价值。

经典的 $K_2Cr_2O_7$ 法测定铁时,用 $SnCl_2$ 作预还原剂,多余的 $SnCl_2$ 用 $HgCl_2$ 除去,然后,用 $K_2Cr_2O_7$ 溶液滴定生成的 Fe^{2+} 离子。这种方法操作简便,结果准确。但是 $HgCl_2$ 有剧毒,易造成严重的环境污染,因此近年来国内外的化学工作者研究了多种不用汞盐测定常量铁的新方法。本实验采用的是 $SnCl_2$-$TiCl_3$ 联合还原铁的无汞方法,即先采用 $SnCl_2$ 将大部分 Fe^{3+} 离子还原,试液由红棕色变为黄色,再用 $TiCl_3$ 将剩余的 Fe^{3+} 还原,过量的 $TiCl_3$ 将 Na_2WO_4 还原成“钨蓝”,指示还原反应完全。其反应式如下:

$$2Fe^{3+} + SnCl_4^{2-} + 2Cl^- \Longrightarrow 2Fe^{2+} + SnCl_6^{2-}$$
$$Fe^{3+} + Ti^{3+} + H_2O \Longrightarrow Fe^{2+} + TiO^{2+} + 2H^+$$

然后用少量的 $K_2Cr_2O_7$ 溶液将 $TiCl_3$ 氧化,至“钨蓝”刚好褪色,以消除过量还

原剂 $TiCl_3$ 的影响。最后,以二苯胺磺酸钠为指示剂,用 $K_2Cr_2O_7$ 标准溶液滴定 Fe^{2+} 离子。

$$6Fe^{2+} + Cr_2O_7^{2-} + 14H^+ = 6Fe^{3+} + 2Cr^{3+} + 7H_2O$$

由于滴定过程中生成黄色的 Fe^{3+} 离子,影响终点的准确判断,故加入 H_3PO_4,使之与 Fe^{3+} 离子结合成无色的 $[Fe(HPO_4)_2]^-$ 配离子,消除 Fe^{3+} 离子黄色的影响。H_3PO_4 的加入还可以降低溶液中 Fe^{3+} 离子的浓度,从而降低 Fe^{3+}/Fe^{2+} 电对的电极电势,使滴定突跃范围增大,用二苯胺磺酸钠作指示剂,能清楚正确地指示终点。

$K_2Cr_2O_7$ 标准溶液可以用干燥后的固体 $K_2Cr_2O_7$ 直接配制。

实验步骤

1. $K_2Cr_2O_7$ 标准溶液的配制

准确称取 1.2 g $K_2Cr_2O_7$ 于 100 mL 烧杯中,加水溶解后,转入 250 mL 容量瓶中,用水稀释至刻度,摇匀。计算 $K_2Cr_2O_7$ 溶液的准确浓度。

2. 样品的分析

准确称取 0.18～0.22 g 铁矿试样三份,加少许水润湿,分别加 15 mL 盐酸(3:2),在通风橱中加热溶解(近沸 15 min 左右,若不太好溶,可加 NaF 或 $SnCl_2$ 助溶)。稍冷,用少量水冲洗表面皿和烧杯内壁,加热至近沸,趁热滴加 10% $SnCl_2$ 溶液,将大部分 Fe^{3+} 还原为 Fe^{2+},此时溶液由黄色变为浅黄色。加 60 mL 水,用自来水冷却至室温,加 1 mL 10% Na_2WO_4 溶液,滴加 1.5% $TiCl_3$ 溶液至出现稳定的"钨蓝",冲洗杯壁。滴加 $K_2Cr_2O_7$ 溶液至蓝色刚刚消失,加 5 mL 硫-磷混酸,4～5 滴 0.5% 二苯胺磺酸钠指示剂,立即用 $K_2Cr_2O_7$ 标准溶液滴定,至溶液呈现稳定紫色为终点。计算样品中铁的含量。

注意事项

(1) 称矿样时要小心倾倒,避免试样冲出。

(2) 溶解样品过程中不打开表面皿,避免溶液溅出引起试样损失。溶解时,要控制好温度和时间,即要有足够的温度使其充分溶解,但又不可把溶液蒸干。若溶液近蒸干了,可补加一定量盐酸继续加热溶解。溶解完全后,容器底部剩下少量的白色(或略带米色)的残渣。(这是什么物质,SiO_2 残渣?)

（3）用 $SnCl_2$ 还原 Fe^{3+} 离子时，溶液温度不能太低，否则反应速度慢，黄色褪去不易观察，易使 $SnCl_2$ 过量。$SnCl_2$ 的加入量要适当，若太少或太多，均使实验结果不准确。为控制好 $SnCl_2$ 的加入量，必须在近沸的状态下慢滴多搅，当溶液变为淡黄色时停止。

（4）还原后的 $Fe(II)$ 在磷酸介质中极易被氧化，在"钨蓝"褪色 1 min 内应立即滴定，放置太久，则测定结果偏低。因此，矿样溶解后，应做完一份后再做第二份。

思考题

1. 在预处理时，为什么 $SnCl_2$ 溶液要趁热逐滴加入？

2. 在预还原 $Fe(III)$ 至 $Fe(II)$ 时，为什么要用 $SnCl_2$ 和 $TiCl_3$ 两种还原剂？只使用其中一种有什么缺点？

3. 在滴定前加入 H_3PO_4 的作用是什么？加入 H_3PO_4 后为什么须立即滴定？

4. 溶样条件对实验是否有影响？

5. 若某一铁试液中含有 $Fe(III)$ 和 $Fe(II)$，试拟定出分别测定 $Fe(III)$ 和 $Fe(II)$ 的分析步骤。

📖 6.11　硫代硫酸钠标准溶液的配制和标定

安全提示

1. 重铬酸钾为致癌物质,具强腐蚀性、刺激性,可致人体灼伤,取用时佩戴好手套和护目镜;
2. 含铬废液和固体需要专门回收。

实验目的

1. 掌握硫代硫酸钠标准溶液的配制和标定方法;
2. 了解淀粉指示剂的作用原理,掌握淀粉指示剂的正确使用;
3. 了解使用带磨口塞锥形瓶的必要性和操作方法。

实验原理

$Na_2S_2O_3$ 一般都含有少量杂质,如 S、Na_2SO_3、Na_2SO_4、Na_2CO_3 及 NaCl 等,同时还容易风化和潮解,因此不能直接配制成准确浓度的溶液,只能配制成近似浓度的溶液,然后再标定。

硫代硫酸钠
溶液的标定

硫代硫酸钠溶液不稳定的原因有三个:

(1) 与溶解在水中的 CO_2 反应:$Na_2S_2O_3$ 在中性或碱性溶液中较稳定,pH<4.6 时,溶液含有的 CO_2 将其分解:

$$Na_2S_2O_3 + CO_2 + H_2O = NaHCO_3 + NaHSO_3 + S\downarrow$$

(2) 空气的氧化作用,使 $Na_2S_2O_3$ 的浓度降低:

$$2Na_2S_2O_3 + O_2 = 2Na_2SO_4 + 2S\downarrow$$

(3) 微生物的作用是使 $Na_2S_2O_3$ 分解的主要因素:

$$Na_2S_2O_3 = Na_2SO_3 + S\downarrow$$

此外,水中微量的 Cu^{2+} 或 Fe^{3+} 等也能促进 $Na_2S_2O_3$ 溶液分解。因此,配制 $Na_2S_2O_3$ 溶液时,需要用新煮沸(为了除去 CO_2 和杀死细菌)并冷却了的纯水,并加入少量 Na_2CO_3,使溶液呈弱碱性,以抑制细菌生长。这样配制的溶液也不宜长期保存,且使用一段时间后要重新标定。如果发现溶液变浑或析出硫,就应该过滤后再标定,或者另配溶液。

$K_2Cr_2O_7$、KIO_3 等基准物质常用来标定 $Na_2S_2O_3$ 溶液的浓度。称取一定量基准物质,在酸性溶液中与过量 KI 作用,析出的 I_2 用 $Na_2S_2O_3$ 溶液滴定,以淀粉为指示剂。有关反应式如下:

$$Cr_2O_7^{2-} + 6I^- + 14H^+ \rule[0.5ex]{2em}{0.4pt} 2Cr^{3+} + 3I_2 + 7H_2O$$

或
$$IO_3^- + 5I^- + 6H^+ \rule[0.5ex]{2em}{0.4pt} 3I_2 + 3H_2O$$

$$I_2 + 2S_2O_3^{2-} \rule[0.5ex]{2em}{0.4pt} 2I^- + S_4O_6^{2-}$$

$K_2Cr_2O_7$(或 KIO_3)与 KI 的反应条件如下:

(1) 溶液的酸度愈大,反应速度愈快,但酸度太大时,I^- 容易被空气中的 O_2 氧化,所以酸度一般以 $0.2\sim0.4$ $mol \cdot L^{-1}$ 为宜。

(2) $K_2Cr_2O_7$ 与 KI 作用时,应将溶液贮于碘瓶或磨口锥形瓶中(塞好磨口塞),在暗处放置一定时间,待反应完全后,再进行滴定。KIO_3 与 KI 作用时,不需要放置,宜及时进行滴定。

(3) 所用 KI 溶液中不应含有 KIO_3 或 I_2。如果 KI 溶液显黄色,则应事先用 $Na_2S_2O_3$ 溶液滴定至无色后再使用。若滴至终点后,很快又转变为蓝色,表示 KI 与 $K_2Cr_2O_7$ 的反应未进行完全,应另取溶液重新标定。

淀粉指示剂

有的物质本身并不具有氧化还原性,但能和氧化性或还原性物质结合而产生特殊的颜色,称为显色指示剂。例如,可溶性淀粉与碘溶液反应,生成深蓝色的化合物,当 I_2 被还原为 I^- 时,深蓝色消失。因此,在碘量法中,可用淀粉溶液作指示剂。淀粉的组成对显色灵敏度有影响:无支链淀粉遇碘产生纯蓝色;以支链成分为主的淀粉遇碘为紫红色;分支较多的淀粉遇碘呈红色,灵敏度低,不易掌握终点。用淀粉做指示剂时还应注意溶液的酸度,在弱酸性溶液中最为灵敏;若溶液的 pH<2.0,则淀粉易水解形成糊精,遇碘显红色;若溶液的 pH>9.0,则碘发生歧化反应,不显蓝色。若有大量电解质存在,则能与淀粉结合而降低灵敏度。在室温下,用淀粉可检出约 10^{-5} $mol \cdot L^{-1}$ 的碘溶液;温度高,灵敏度降低。

实验步骤

1. 0.1 mol·L⁻¹ 硫代硫酸钠标准溶液的配制

加热 500 mL 纯水至沸，并保持 15 min 左右，冷却待用。称取所需量的 $Na_2S_2O_3 \cdot 5H_2O$ 和 0.1 g Na_2CO_3，用已冷却的沸水溶解、搅拌。待试剂溶解后，转移到已洗至纯水的棕色试剂瓶中，加纯水至总体积为 500 mL。

2. 标定

准确称取 0.1~0.15 g $K_2Cr_2O_7$ 三份，分放在 250 mL 带塞锥形瓶中，加少量水，使其溶解，加入 1 g KI，8 mL 6 mol·L⁻¹ HCl，塞好塞子后充分混匀，在暗处放 5 min。取出反应瓶，稀释至 100 mL，用 $Na_2S_2O_3$ 标准溶液滴定。当溶液由棕红色变为淡黄色时，加 2 mL 5 g·L⁻¹ 淀粉溶液，边旋摇锥形瓶边滴定，至溶液蓝色刚好消失，即到达终点。

注意事项

1. 称量 KI 的操作要快，称量好的 KI 应立即使用；

2. 重铬酸钾与碘化钾的反应不是立刻完成的，在稀溶液中更慢。因此，在暗处放置 5 min 后，再加水稀释滴定；

3. 淀粉指示剂不能过早加入，因淀粉吸附大量 I_3^- 后使 I_2 不易放出，影响与硫代硫酸钠的反应，从而产生误差。但也不能加入过迟，否则终点易过。

思考题

1. 硫代硫酸钠溶液为什么要预先配制？配制时，为什么要用刚煮沸过并已冷却的蒸馏水？为什么要加少量的碳酸钠？

2. 重铬酸钾与碘化钾混合在暗处放置 5 min 后，为什么要用水稀释至 100 mL，再用硫代硫酸钠溶液滴定？如果在放置之前稀释行不行，为什么？

3. 为什么不能早加淀粉，又不能加得过迟？

📖 6.12 铜合金中铜的测定

实验目的

1. 掌握间接碘量法的基本原理;
2. 学会铜合金的分解方法;
3. 掌握碘量法滴定终点的观察与判断。

实验原理

铜合金中
铜的测定

铜合金的种类较多,主要有黄铜和各种青铜。实验试样可以用 HNO_3 分解,但低价氮氧化物能氧化 I^- 而干扰测定,故需用浓 H_2SO_4 蒸发将它们除去;也可用 H_2O_2 和 HCl 分解试样:

$$Cu + 2HCl + H_2O_2 \Longrightarrow CuCl_2 + 2H_2O$$

煮沸,以除尽过量的 H_2O_2。

在弱酸性溶液中,Cu^{2+} 与过量的 KI 作用生成 CuI 沉淀,同时析出相应量的 I_2。通常,用 HAc - NH_4Ac 缓冲溶液将溶液的酸度控制为 pH = 3.5~4.0。酸度过低,Cu^{2+} 易水解,使反应不完全,结果偏低,而且反应速率慢,终点拖长;酸度过高,则 I^- 被空气中的氧气氧化为 I_2(Cu^{2+} 催化此反应),使结果偏高。

$$2Cu^{2+} + 4I^-(过量) \Longrightarrow 2CuI \downarrow + I_2$$

Cu^{2+} 与 I^- 之间的反应是可逆的,任何引起 Cu^{2+} 浓度减小(例如形成配合物等)或引起 CuI 溶解度增加的因素,均会使反应不完全。加入过量的 KI,可

使 Cu^{2+} 的还原趋于完全。此外,过量的 KI 不仅是还原剂,也是 Cu^+ 的沉淀剂(可以提高 Cu^{2+}/Cu^+ 的氧化还原电势,使 Cu^{2+} 被定量还原),并和 I_2 形成多卤化物(增大 I_2 的溶解度,以避免其挥发)。

生成的 I_2 用 $Na_2S_2O_3$ 标准溶液滴定,以淀粉为指示剂。由于 CuI 沉淀表面易于吸附 I_2,使分析结果偏低,终点变色不敏锐。为了减少 CuI 对 I_2 的吸附,可在大部分 I_2 被 $Na_2S_2O_3$ 溶液滴定后,加入 KSCN,使 CuI 转化为溶解度更小的 CuSCN:

$$CuI + SCN^- \Longrightarrow CuSCN \downarrow + I^-$$

CuSCN 基本上不吸附 I_2,使终点变色敏锐。

试样中有 Fe 存在时,反应中生成的 Fe^{3+} 也能氧化 I^- 为 I_2:

$$2Fe^{3+} + 2I^- \Longrightarrow 2Fe^{2+} + I_2$$

可加入 NH_4F,使 Fe^{3+} 生成稳定的 $[FeF_6]^{3-}$,降低了 Fe^{3+}/Fe^{2+} 电对的电势,避免使 Fe^{3+} 将 I^- 氧化为 I_2。

实验步骤

准确称取 $0.22 \sim 0.24$ g 铜合金试样三份,分别置于 250 mL 锥形瓶中。加入 5 mL 1:1 HCl、3 mL 30% H_2O_2,在通风橱内加热,试样完全溶解后,继续加热片刻,以破坏多余的 H_2O_2。稍冷后,滴加 1:1 氨水,至溶液微呈浑浊,再滴加 1:1 HAc,至溶液澄清并多加 1 mL,加纯水稀释至 100 mL。(如试样含有 Fe^{3+},则需加入 1 g NH_4F。)加 1.5 g KI,立即用 0.1 mol·L^{-1} $Na_2S_2O_3$ 标准液滴定,至溶液呈浅黄色,加入 2 mL 0.5% 淀粉溶液,继续滴定,至蓝色褪去。再加 10 mL 10% KSCN 溶液,旋摇后,蓝色重新出现。在激烈旋摇下,继续滴定至蓝色消失,即为终点。计算 Cu 的质量分数。

注意事项

(1) 加热与冷却的过程中,锥形瓶不能加塞子。溶样时,溶液不能蒸干。反应后,多余的 H_2O_2 一定要分解完全,若残留有 H_2O_2,加入 KI 后,会有以下反应:$H_2O_2 + 2I^- + 2H^+ \Longrightarrow I_2 + 2H_2O$ 使测定结果偏高。

(2) 滴加氨水至出现沉淀,所需的时间较长,请耐心。滴加 1:1 HAc 时需"一滴多摇",由于 $Cu(OH)_2$ 沉淀溶解的过程也需要时间,因此 1:1 HAc 不能滴加过快。

(3) 加了碘化钾后,需立即用硫代硫酸钠标准液滴定。

（4）近终点时加入淀粉，继续慢滴硫代硫酸钠标准溶液。当蓝色很淡或刚消失时，加入 KSCN，剧烈旋摇锥形瓶使 CuI 转化为溶解度更小的 CuSCN。它基本上不吸附 I_2，使终点变色敏锐。

（5）终点到达的标志是蓝色褪去，其浑浊液常呈现肉色或藕色，而不是白色。

思考题

1. 试样溶解后，为什么要破坏多余的过氧化氢？如何判断过氧化氢已分解完全？

2. 测定溶液的 pH 为什么要控制在微酸性？酸度过高或过低对测定有何影响？实验中如何调节溶液至微酸性？

3. 为什么要在滴定至近终点时加入硫氰酸钾溶液？过早加入，对测定有何影响？

4. 碘量法的主要误差来源有哪些？实验中应如何避免？

6.13　葡萄糖含量的测定——碘量法

浓盐酸易挥发,具强腐蚀性,做好安全防护(护目镜和手套)。

实验目的

　　1. 学会间接碘量法测定葡萄糖含量的原理、方法,进一步掌握返滴定法技能;

　　2. 熟悉滴定管的操作,掌握有色溶液滴定剂在读取体积时的正确读法。

实验原理

　　I_2 与 $NaOH$ 作用可生成次碘酸钠($NaIO$),次碘酸钠可将葡萄糖($C_6H_{12}O_6$)分子中的醛基定量地氧化为羧基,未与葡萄糖作用的次碘酸钠在碱性溶液中歧化生成 NaI 和 $NaIO_3$,当酸化时 $NaIO_3$ 又恢复成 I_2 析出。用 $Na_2S_2O_3$ 标准溶液滴定析出的 I_2,从而可计算出葡萄糖的含量。涉及的反应如下:

　　(1) I_2 与 $NaOH$ 作用:$I_2 + 2OH^- \Longrightarrow IO^- + I^- + H_2O$

　　(2) $C_6H_{12}O_6$ 和 $NaIO$ 定量作用:$C_6H_{12}O_6 + IO^- \Longrightarrow C_6H_{12}O_7 + I^-$

　　总反应式为:$I_2 + C_6H_{12}O_6 + 2OH^- \Longrightarrow C_6H_{12}O_7 + 2I^- + H_2O$

　　(3) 未与葡萄糖作用的 $NaIO$ 在碱性溶液中发生歧化反应:$3IO^- \Longrightarrow IO_3^- + 2I^-$

　　(4) 在酸性条件下,$NaIO_3$ 和 NaI 作用:$IO_3^- + 5I^- + 6H^+ \Longrightarrow 3I_2 + 3H_2O$

　　(5) 用 $Na_2S_2O_3$ 滴定析出的 I_2:$I_2 + 2S_2O_3^{2-} \Longrightarrow S_4O_6^{2-} + 2I^-$

　　相关物质的反应计量关系为:1 mol 葡萄糖与 1 mol I_2 作用,而 1 mol IO^- 可产生 1 mol I_2,从而可以测定出葡萄糖的含量。

实验步骤

1. 0.1 mol·L^{-1} $Na_2S_2O_3$ 标准溶液的配制与标定

同实验 6.12.

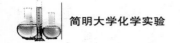

2. 0.05 mol·L^{-1} I$_2$溶液的标定

准确移取 25.00 mL I$_2$标准溶液于锥形瓶中,加 50 mL 蒸馏水,用 Na$_2$S$_2$O$_3$标准溶液滴定至溶液呈浅黄绿色,加 2 mL 5 g·L^{-1}淀粉溶液指示剂,继续滴定至蓝色刚好褪去,溶液呈无色,即为终点。

3. 葡萄糖含量的测定

移取 25.00 mL 葡萄糖试液于碘量瓶中,加入 25.00 mL I$_2$标准溶液,一边摇动,一边缓慢加入 2 mol·L^{-1} NaOH 溶液,直至溶液呈浅黄色。将碘量瓶加塞,放置 10～15 min 后,加 2 mL 6 mol·L^{-1} HCl 使成酸性,立即用 Na$_2$S$_2$O$_3$溶液滴定至溶液呈淡黄色时,加入 2 mL 淀粉溶液指示剂,继续滴定至蓝色消失即为终点。平行测定三次,计算试样中葡萄糖的含量(以 g·L^{-1}表示)。

注意事项

(1) 一定要待 I$_2$完全溶解后再转移。做完实验后,剩余的 I$_2$溶液应倒入回收瓶中。

(2) 碘易受有机物的影响,不可使用软木塞、橡皮塞,并应贮存于棕色瓶内避光保存。I$_2$溶液不能装在碱式滴定管中。配制和装液时应戴上手套。

(3) 本方法可视作葡萄糖注射液中葡萄糖含量的测定。测定时,可视注射液的浓度将其适当稀释。

(4) 加 NaOH 的速度不能过快,否则,过量 NaIO 来不及氧化 C$_6$H$_{12}$O$_6$就歧化成 NaIO$_3$和 NaI,使测定结果偏低。

思考题

1. 配制 I$_2$溶液时,加入过量 KI 的作用是什么?将称得的 I$_2$和 KI 混合在一起,然后加水到一定体积,是否可以?

2. 加入 NaOH 速度过快,会产生什么后果?

3. I$_2$溶液浓度的标定和葡萄糖含量的测定中,均用到淀粉指示剂,各步骤中,淀粉指示剂加入的时机有什么不同?

4. 为什么在氧化葡萄糖时滴加 NaOH 的速度要慢?并且加完后,要放置一段时间?而在酸化后,则要立即用 Na$_2$S$_2$O$_3$标准溶液滴定?

6.14 漂白粉中有效氯的测定——间接碘量法

实验目的

1. 掌握间接碘量法的基本原理及滴定条件;
2. 学习测定漂白粉中有效氯含量的方法。

实验原理

漂白粉的主要成分为 $Ca(ClO)_2$,还有 $CaCl_2$,$Ca(ClO_2)_2$,$Ca(ClO_3)_2$,CaO 等,其品质以释放出来的氯量来作为标准,称为有效氯。漂白粉在酸性介质中可以定量氧化 I^- 为 I_2,则利用 $Na_2S_2O_3$ 标准溶液滴定生成的 I_2 可间接测得有效氯的含量。相关反应式为:

$$ClO^- + 2H^+ + 2I^- \Longrightarrow I_2 + Cl^- + H_2O$$
$$ClO_2^- + 4H^+ + 4I^- \Longrightarrow 2I_2 + Cl^- + 2H_2O$$
$$ClO_3^- + 6H^+ + 6I^- \Longrightarrow 3I_2 + Cl^- + 3H_2O$$
$$2S_2O_3^{2-} + I_2 \Longrightarrow S_4O_6^{2-} + 2I^-$$

实验步骤

1. $Na_2S_2O_3$ 溶液的配制与标定

同实验 6.12。

2. 漂白粉试液的配制

将漂白粉置于研钵中,研细。准确称取 5 g 左右试样,置于小烧杯中,加水搅拌,静置,将上清液转移至 250 mL 容量瓶中。反复操作数次以充分转移可溶物,加水定容,摇匀。

3. 漂白粉中有效氯含量的测定

准确移取 25.00 mL 漂白粉试液于碘量瓶中，加入 6 mL 3 mol·L^{-1}的 H_2SO_4溶液，加入 10 mL 20%的 KI 溶液，加盖摇匀，于暗处放置 5 min。加入 20 mL 纯水，立即用 0.1 mol·L^{-1} $Na_2S_2O_3$标准溶液滴定至溶液呈淡黄色，加 2 mL 淀粉指示剂，继续滴定至蓝色刚好消失，即为终点，记录 $V(Na_2S_2O_3)$。平行测定三次，计算样品中有效氯的含量。

思考题

1. 漂白粉中有效氯的含量测定，为什么要在碘量瓶中进行？
2. 当有效氯以 Cl%或 Cl_2%表示时，其计算公式分别如何表达？

6.15　生理盐水中氯化钠含量的测定(银量法)

安全提示

1. 铬酸钾属于二级致癌物质,吸入或吞食会导致癌症,注意防护;
2. 硝酸银属于易制爆、有毒品,具有腐蚀性。一旦皮肤沾上硝酸银溶液,就会出现黑色斑点,注意防护;
3. 含银废液及沉淀须倒入指定回收容器。

实验目的

1. 学习银量法测定氯(离子)的原理和方法;
2. 掌握莫尔法的实际应用。

实验原理

以生成难溶银盐(如 AgCl、AgBr、AgI 和 AgSCN)的反应为基础的沉淀滴定法,称为银量法。银量法需借助指示剂来确定终点,根据所用指示剂的不同,分为莫尔法、佛尔哈德法和法扬司法。

本实验是在中性溶液中以 K_2CrO_4 为指示剂,用 $AgNO_3$ 标准溶液来测定 Cl^- 的含量:

滴定反应 $Ag^+ + Cl^- \Longrightarrow AgCl \downarrow$(白)　$K_{sp}(AgCl) = 1.8 \times 10^{-10}$

终点反应 $2Ag^+ + CrO_4^{2-} \Longrightarrow Ag_2CrO_4 \downarrow$(砖红色)

$$K_{sp}(Ag_2CrO_4) = 1.2 \times 10^{-12}$$

由于 Ag_2CrO_4 的溶解度比 AgCl 大,根据分步沉淀的原理,溶液中将首先析出 AgCl 沉淀,当 AgCl 定量沉淀后,稍过量的 Ag^+ 即与 CrO_4^{2-} 生成砖红色的 Ag_2CrO_4 沉淀,指示滴定的终点。本法终点明晰,结果准确。

实验过程中应注意以下两点:

(1) 指示剂用量的控制

K_2CrO_4 用量太大,会使终点提前,产生负误差;用量太小时,则终点拖后,产生正误差。

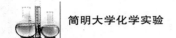

（2）溶液酸度的控制

CrO_4^{2-} 离子在水溶液中存在如下平衡：

$$CrO_4^{2-} + H_3O^+ \Longrightarrow HCrO_4^- + H_2O$$

酸性太强时，平衡会右移，CrO_4^{2-} 离子浓度下降，导致终点拖后。若碱性太强，Ag^+ 离子会生成 Ag_2O 沉淀。

$$Ag^+ + OH^- \Longrightarrow AgOH \downarrow$$

$$2AgOH \Longrightarrow Ag_2O \downarrow + H_2O$$

所以，莫尔法要求溶液的 pH 在 6.5～10.5 之间；若有铵盐存在，pH 的上限应更低些。因为当 pH 较高时，游离 NH_3 将使 AgCl 和 Ag_2CrO_4 溶解度增大，$AgNO_3$ 将过量很多，导致终点拖后。

本方法也可用于有机物中氯含量的测定。

实验步骤

1. 0.1 mol·L⁻¹ AgNO₃ 标准溶液的配制

$AgNO_3$ 标准溶液可直接用分析纯的 $AgNO_3$ 晶体配制。但是，由于 $AgNO_3$ 不稳定、见光易分解，故若要精确测定，则需用基准物 NaCl 来标定。

（1）直接配制

在一小烧杯中，精确称入用于配制 100 mL 0.1 mol·L⁻¹ 标准溶液的 $AgNO_3$。加适量水溶解后，转移到 100 mL 容量瓶中，用水稀释至标线，计算其准确浓度。

（2）间接配制

将 NaCl 置于坩埚中，用煤气灯加热至 500～600 ℃，充分赶除水分后，放置在干燥器中冷却、备用。

称取 1.7 g $AgNO_3$，溶解后稀释至 100 mL。准确称取 0.15～0.2 g NaCl 三份，分别置于三个锥形瓶中，各加 25 mL 水使其溶解。加入 1 mL K_2CrO_4 溶液，在充分摇动下，用刚刚配制的 $AgNO_3$ 溶液滴定至溶液刚出现稳定的砖红色，即为终点，记录 $AgNO_3$ 溶液的用量。重复滴定两次，计算 $AgNO_3$ 溶液的浓度。

2. 测定生理盐水中 NaCl 的含量

将生理盐水稀释 1 倍后，准确移取已稀释的生理盐水 25.00 mL 置于锥形瓶中。加入 1 mL K_2CrO_4 指示剂，用标准 $AgNO_3$ 溶液滴定至溶液刚出现稳定的砖红色(边摇边滴),即为终点。重复滴定两次,计算 NaCl 的含量。

注意事项

1. 实验结束后,未用完的 $AgNO_3$ 标准溶液和氯化银沉淀应分别倒入指定的回收瓶中贮存。

2. 实验中盛装过 $AgNO_3$ 的滴定管、移液管和锥形瓶等应用去离子水荡洗。

思考题

1. K_2CrO_4 指示剂浓度的高低,对 Cl^- 的测定有何影响?

2. 滴定液的酸度应控制在什么范围为宜? 为什么? 若有 NH_4^+ 存在时,对溶液的酸度范围的要求有什么不同?

3. 如果要用莫尔法测定酸性氯化物溶液中的氯,事先应采取什么措施?

6.16 邻二氮菲分光光度法测定微量铁

实验原理

根据朗伯-比耳定律:$A = \varepsilon b c$,当入射光波长 λ 及光程 b 限定时,在一定浓度范围内,有色物质的吸光度 A 与该物质的浓度 c 成正比。只要绘出以吸光度 A 为纵坐标,浓度 c 为横坐标的标准曲线,则测出试液的吸光度后,即可由标准曲线查得对应的浓度值,以获知未知样的含量。也可应用相关的"回归分析"软件,将数据输入计算机,得到相应的分析结果。

用分光光度法测定铁离子时,显色剂种类较多,其中,邻二氮菲光度法测铁时,由于灵敏度较高、稳定性较好、干扰容易消除,是普遍采用的一种测定方法。

在 pH=2～9 的溶液中,邻二氮菲(phen)与 Fe^{2+} 生成稳定的橙红色配合物,反应方程式为:

该配合物的 $\lg K_{稳} = 21.3$,摩尔吸光系数 $\varepsilon_{510} = 1.1 \times 10^4$ L·mol^{-1}·cm^{-1};而 Fe^{3+} 与邻二氮菲生成 3∶1 配合物,呈淡蓝色,$\lg K_{稳} = 14.1$。所以,在加入显色剂之前,应以盐酸羟胺将 Fe^{3+} 还原为 Fe^{2+},其反应式如下:

$$2Fe^{3+} + 2NH_2OH \cdot HCl \Longrightarrow 2Fe^{2+} + N_2 \uparrow + 2H_2O + 4H^+ + 2Cl^-$$

若测定时酸度高,配位反应进行较慢;酸度太低,则金属离子易水解。本实验采用 HAc – NaAc 缓冲溶液,控制溶液 pH≈5.0,使配位显色反应进行完全。

为判断待测溶液中铁元素含量,需首先绘制标准曲线。测出试液的吸光度后,由标准曲线查得对应的浓度值,从而计算样品中铁离子浓度。

本方法的选择性很高,相当于含铁量 40 倍的 Sn^{2+}、Al^{3+}、Ca^{2+}、Mg^{2+}、Zn^{2+}、SiO_3^{2-};20 倍的 Cr^{3+}、Mn^{2+}、VO_3^-、PO_4^{3-};5 倍的 Co^{2+}、Ni^{2+}、Cu^{2+} 等离子不干扰测定。但是,Bi^{3+}、Cd^{2+}、Hg^{2+}、Zn^{2+}、Ag^+ 等离子与邻二氮菲作用生成沉淀,干扰测定。

实验步骤

1. $NH_4Fe(SO_4)_2$ 标准溶液(10 mg·L^{-1})的配制

准确称取 0.2159 g 分析纯 $NH_4Fe(SO_4)_2 \cdot 12H_2O$,加入 10 mL 6 mol·L^{-1} HCl 溶液和少量水,溶解后,转移至 250 mL 容量瓶中,以纯水稀释至标线,摇匀。此溶液含铁(离子)100 mg·L^{-1}(储备液),亦可由实验室预先配制。

移取 25.00 mL 此标准溶液于 250 mL 容量瓶中,加入 5 mL 6 mol·L^{-1} HCl 溶液,以纯水稀释至标线,摇匀。此溶液含铁(离子)10 mg·L^{-1}(标准溶液)。

2. 吸收曲线的绘制和测量波长的选择

移取 5.00 mL 铁(离子)标准溶液,注入 25 mL 比色管中,加入 1.00 mL 盐酸羟胺溶液,混匀,并放置 1 min,加入 2.00 mL 邻二氮菲溶液,5.0 mL NaAc 溶液,以水稀释至标线,摇匀。放置 10 min 后,以试剂空白为参比,在 440～560 nm 区间,每隔 5 nm 测量一次吸光度。以波长为横坐标,吸光度为纵坐标,绘制吸收曲线,选择测量铁(配合物)的适宜波长。一般选用最大吸收波长 λ_{max} 为测定波长。

3. 显色剂用量的选择

在 8 支 25 mL 比色管中,各加入 5.00 mL 铁(离子)标准溶液和 1.00 mL

盐酸羟胺溶液,摇匀。分别加入 0.10,0.20,0.30,0.50,1.00,2.00,3.00, 4.00 mL 邻二氮菲溶液,5.0 mL NaAc 溶液,以纯水稀释至标线,摇匀。放置 10 min 后,以试剂空白为参比,在已选择好的波长下测定各溶液的吸光度。以 邻二氮菲体积为横坐标,吸光度 A 为纵坐标,绘制 $A-V$ 曲线,确定显色剂邻 二氮菲的最佳用量。

4. 显色时间及有色溶液的稳定性

移取 5.00 mL 铁(离子)标准溶液于 25 mL 比色管中,加入 1.00 mL 盐酸 羟胺溶液,摇匀。放置 1 min,再加入 2.00 mL 邻二氮菲溶液,5.00 mL NaAc 溶液,以纯水稀释至标线,摇匀。以试剂空白为参比,在选择好的波长下,间隔 5 min、10 min、15 min、20 min、30 min、1 h、2 h 测定吸光度。以时间为横坐 标,吸光度 A 为纵坐标,绘制 $A-t$ 曲线,确定显色反应完成所需要的适宜时 间以及显色溶液稳定的时间。

5. 标准曲线的制作

在 6 支 25 mL 比色管中,分别加入 0.00、2.00、4.00、6.00、8.00、10.00 mL 铁(离子)标准溶液,各加入 1.00 mL 盐酸羟胺,摇匀,放置 1 min。再分别加入 2.00 mL 邻二氮菲溶液,5.00 mL NaAc 溶液,以纯水稀释至标线,摇匀。放置 10 min,以试剂空白为参比,在选择好的波长下,测定各溶液的吸光度。以铁 含量为横坐标,相应的吸光度为纵坐标,绘制标准曲线。

6. 试液含铁量的测定

准确吸取适量试液(如水样或工业盐酸、石灰石样品制备液等)代替标准 溶液,按标准曲线的制作步骤,加入各种试剂,在相同条件下测定吸光度。从 标准曲线上查出并计算试液中铁的含量(以 mg・L^{-1} 表示)。

注意事项

(1) 不能颠倒各种试剂的加入顺序。

(2) 最佳波长选择好后不要再改变。

(3) 由于铁(离子)显色体系的试剂空白为无色溶液,因此条件试验 中可用纯水作参比溶液,操作较为简单。

(4) 试样中铁含量的测定和标准曲线的制作可同时进行。

数据处理

1. 邻二氮菲—Fe^{2+}配合物吸收曲线的绘制

(1) 数据记录
(2) 作吸收曲线图

2. 条件实验

(1) 显色剂用量与吸光度的关系
(2) 显色时间及有色溶液的稳定性

3. 工业盐酸中铁含量的测定

(1) 标准曲线的制作
(2) 试液含铁量的测定

思考题

1. 邻二氮菲分光光度法测定微量铁时,为何要加入盐酸羟胺溶液?

2. 制作标准曲线和进行其他条件试验时,加入试剂的顺序能否任意改变? 为什么?

3. 参比溶液的作用是什么? 在本实验中,可否用蒸馏水作参比?

4. 邻二氮菲与铁的显色反应,主要干扰因素有哪些?

第七章 化学原理及物理量测定

📖 7.1 摩尔气体常数(R)的测定

安全提示

1. 金属镁属于易制爆药品,剩余镁条回收至指定位置;
2. 实验过程会产生氢气,请勿接近明火。

实验目的

1. 学习理想气体状态方程式和分压定律;
2. 学习测量气体体积的操作:装置的安装、检漏、量气管液面的观察与读数;
3. 测定气体常数 R。

实验原理

摩尔气体常数
R 测定

活泼金属镁与稀硫酸反应,置换出氢气:

$$Mg + H_2SO_4 =\!=\!= MgSO_4 + H_2 \uparrow$$

准确称取一定质量 $m(Mg)$ 的金属镁,使其与过量的稀酸作用,在一定的温度(T)和压力(p)下,测定被置换的氢气体积 $V(H_2)$。根据分压定律,算出氢气的分压:

$$p(H_2) = p - p(H_2O)$$

假定在实验条件下,氢气的行为服从理想气体模型,则可根据气态方程式计算出摩尔气体常数 R:

$$nRT = p(H_2)V(H_2)$$

其中 $n=\dfrac{m(\mathrm{H_2})}{2.016}=\dfrac{m(\mathrm{Mg})}{\mathrm{Ar}(\mathrm{Mg})}$，式中 $\mathrm{Ar}(\mathrm{Mg})$ 为 Mg 的相对原子质量。所以,得到:

$$R=\frac{p(\mathrm{H_2})V(\mathrm{H_2})\times \mathrm{Ar}(\mathrm{Mg})}{m(\mathrm{Mg})T}$$

实验步骤

1. 称量

准确称取三份镁条,每份质量在 0.03 g(准确称至 0.000 1 g)左右。

2. 安装测定装置

按图 1 所示装配好测定装置。往量气管内装水至略低于刻度"0"的位置。上下移动漏斗,以赶尽附着在橡皮管和量气管内壁的气泡,然后把反应管和量气管用乳胶管连接。

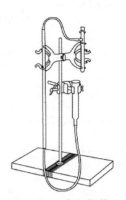

图 7 - 1　摩尔气体常数(R)的测定装置

3. 检漏

把漏斗下移一段距离,并固定在一定位置上。如果量气管中的液面只在开始时稍有下降、随后(约 3～5 min)即维持恒定,则说明装置不漏气。如果液面继续下降,则表明装置漏气,应检查各接口处是否严密。经检查与调整后,再重复试验,直至确保不漏气为止。

4. 测定

(1) 取下试管,用漏斗将 5 mL 2 mol·L⁻¹ H_2SO_4 溶液注入试管中,切勿使酸沾在试管壁上。用一滴水将镁条湿润后沾在试管内壁上部,确保镁条不与酸接触。装好试管,再一次调整漏斗的高度,使量气管内液面保持在略低于刻度"0"的位置。塞紧磨口塞,检查装置是否漏气。

(2) 把漏斗移至量气管的右侧,使两者的液面保持同一水平,记下量气管中的液面位置。

(3) 把试管底部略为抬高,使镁条和 H_2SO_4 溶液接触,此时,由于反应产生的氢气进入量气管中,将把管中的水压入漏斗内。为避免管内压力过大,在管内液面下降时,漏斗也相应地向下移动,使管内液面和漏斗液面大体上保持同一水平。

（4）镁条反应结束后，待试管冷至室温，调节并使漏斗与量气管的液面处于同一水平，记下液面位置。稍等 1～2 min，再次记录液面位置。如两次读数相等，表明管内气体温度已与室温一样，记下室内的温度和大气压力。用另两份已称量的镁条重复实验，将数据和计算结果整理成表。

数据记录及处理

室温　$T =$ _____ K　　　　　大气压力 $p =$ _____ Pa

室温时水的饱和蒸汽压 $p(H_2O) =$ _____ Pa

	1	2	3
镁条质量 m/g			
反应前量气管读数/mL			
反应后量气管读数/mL			
氢气体积/mL			
氢气的分压/Pa			
氢气的物质的量			
气体常数 R			
$\overline{R}$			

--- 思考题 ---

1. 计算摩尔气体常数（R）时，要用到哪些数据？如何得到？

2. 实验测得的摩尔气体常数（R）应有几位有效数字？

3. 检查实验装置是否漏气的原理是什么？

4. 考虑下列情况对实验结果有何影响？

（1）量气管和橡皮管内的气泡没有赶净；

（2）量气管没有洗净，排水后内壁上有水珠；

（3）镁条的称量不准；

（4）镁条表面的氧化物没有除尽；

（5）镁条装入时碰到酸；

（6）读取液面位置时，量气管和漏斗中的液面不在同一水平；

（7）读数时，量气管的温度高于室温；

（8）反应过程中，由量气管压入漏斗的水过多而溢出；

（9）装置漏气。

5. 根据你的实验结果，讨论实验误差产生的主要原因。

7.2 过氧化氢分解速率与活化能的测定

实验目的

1. 从实验结果获得反应物浓度、温度、催化剂对一级反应速率的影响;

2. 学会用图解法求出过氧化氢分解反应的速率常数 k 和活化能 E_a。

实验原理

过氧化氢是不稳定的化合物,在中性或碱性溶液中、没有催化剂的情况下也能分解。加入催化剂能促进过氧化氢较快分解,分解反应如下:

$$H_2O_2 \Longrightarrow H_2O + \frac{1}{2}O_2 \uparrow$$

在介质和催化剂种类、浓度或质量固定时,反应为一级反应,其速率方程可表示为:

$$v = \frac{d[H_2O_2]}{t}$$

过氧化氢分解速率
与活化能的测定

积分得:

$$\lg[H_2O_2]_t = \lg[H_2O_2]_0 - \frac{k}{2.303}t \qquad (1)$$

式中,$[H_2O_2]_t$、$[H_2O_2]_0$ 分别表示过氧化氢 t 时刻和初始时刻的浓度,k 为反应速率常数。

实验中用高锰酸钾法测定 H_2O_2 反应液的瞬时浓度。根据 H_2O_2 与 $KMnO_4$ 在酸性溶液中反应的计量关系,可知:

$$[H_2O_2] = \frac{5cV}{2 \times 1\,000} = 常数 \times V \tag{2}$$

式中,c 为 $KMnO_4$ 溶液的浓度($mol \cdot L^{-1}$),V 为滴定用去的 $KMnO_4$ 溶液的体积(mL)。将式(2)代入式(1),合并常数项与 $\lg[H_2O_2]_0$ 为 A 得:

$$\lg V = A - \frac{k}{2.303}t$$

用 $\lg V$ 对 $t(\min)$ 作图,直线的斜率为 $-k/2.303$。因此,从斜率可求得反应的速率常数 k。

在大量实验的基础上,阿仑尼乌斯证明了 $\lg k$ 对 $1/T$ 作图可得一直线,这个关系可写为:$\lg k = -\dfrac{E_a}{2.303RT} + B$

因此,从直线的斜率可求得活化能 E_a。

实验步骤

1. 速率常数的测定

(1)反应液的制备:在 250 mL 锥形瓶中,加入 25 mL 0.11 mol·L^{-1} H_2O_2 水溶液,用新鲜纯水稀释至约 200 mL,塞上塞子,在恒温水浴中恒温 30 min。

(2)反应:加 5 mL 0.1 mol·L^{-1} $NH_4Fe(SO_4)_2$ 溶液到反应溶液中,H_2O_2 开始分解,按下秒表计时,记录恒温浴温度。

(3)溶液浓度的分析:在 8 个 100 mL 烧杯中各加 15 mL 3 mol·L^{-1} H_2SO_4 溶液和 1 mL 0.05 mol·L^{-1} $MnSO_4$ 溶液。H_2O_2 分解反应进行至 15 min 时,从反应液中取出 10.00 mL 到上述酸溶液中(此处,酸对 H_2O_2 的分解反应起抑制作用)。之后,每隔 15 min 取出 10.00 mL 反应液加到酸里,记录每次反应液加到酸液中的时间。

将烧杯中的溶液混合均匀,用 0.003 mol·L^{-1} $KMnO_4$ 溶液滴定,直到稍过量 $KMnO_4$ 溶液的粉红色在 10 s 内不褪去,即到达滴定终点。记录每次滴定用的 $KMnO_4$ 溶液的体积。

2. 活化能测定

根据室温,调节恒温浴的温度为室温＋4 K、＋8 K、＋12 K,重复上述实验,再测得三组数据。

注意事项

影响过氧化氢分解反应速率的主要因数,包括温度、压力、催化剂的种类、浓度(或质量)、搅拌及测量的准确度。注意事项主要与影响因数有关:

(1) 反应体系的温度要恒定。为了得到较准确的值,较低温度下的测量时间间隔可以长一些,较高温度下测量的时间间隔应短一些;反应液的温度必须和测量体系的温度一致。

(2) 为了减少过氧化氢自发分解对结果的影响,实验用的过氧化氢溶液要新鲜配制,装有过氧化氢溶液的试剂瓶用后要立即密封好。当与文献值比较时,催化剂的浓度和用量要准确。

(3) 在测定过程中,过氧化氢溶液的初始浓度和体积要选择恰当,以每一组学生的实验用过氧化氢溶液体积大致在 $30\sim50$ mL 为宜。

(4) 加入催化剂后要摇匀,否则会发生水解等副反应,影响结果的准确性。

数据记录与结果处理

表 7-1　速率常数 k 的测定

序　号		1	2	3	4	········
T/K	测定					
	平均					
t/min	测定					
	累计					
$V(\text{MnO}_{4终}^-)/\text{mL}$						
$V(\text{MnO}_{4初}^-)/\text{mL}$						
$V(\text{MnO}_4^-)/\text{mL}$						
$\lg V$						

以 $\lg V$ 对 t 作图,可得一直线,从直线的斜率求得 k。

表 7-2　活化能 E_a 的测定

序号	1	2	3	4
T/K				
$\dfrac{1}{T}$				
k				
$\lg k$				

以 $\lg k$ 对 $\dfrac{1}{T}$ 作图,从直线的斜率算出 E_a。

思考题

1. 过氧化氢溶液的稳定性如何? 有哪些因素能促使它分解?

2. 在过氧化氢溶液中加入硫酸高铁铵,在分析反应混合物时,加入硫酸和硫酸锰,各有何作用?

3. 硫酸高铁铵、硫酸、硫酸锰和反应溶液,哪些用量筒取? 哪些用吸管取?

4. 为什么反应终止时间是以反应溶液注入酸液时来计算?

5. 反应过程中,温度不恒定对实验结果有无影响?

6. 过氧化氢原始溶液的浓度、高锰酸钾溶液的浓度要不要标定? 说明原因。

7. 写出高锰酸钾滴定过氧化氢的反应式。

7.3 醋酸电离度和电离常数的测定（pH 法）

实验目的

1. 学习测定醋酸电离度和电离常数的基本原理和方法；
2. 加深对弱电解质电离平衡、同离子效应的理解；
3. 学会酸度计的使用方法；
4. 巩固溶液的配制及容量瓶和移液管的使用等操作。

实验原理

乙酸（CH_3COOH 或 HAc）是弱电解质，在水溶液中存在下列电离平衡：

$$HAc \rightleftharpoons H^+ + Ac^-$$
$$K_a = [H^+][Ac^-]/[HAc] \quad \alpha = [H^+]/c$$

式中：$[H^+]$、$[Ac^-]$ 和 $[HAc]$ 分别为 H^+、Ac^- 和 HAc 的平衡浓度；K_a 为电离常数；α 为电离度。

在一定温度下，用 pH 计测量已知浓度的 HAc 溶液的 pH，根据 $pH = -\lg[H^+]$ 关系式计算得 $[H^+]$。另外，再从 $[H^+] = [Ac^-]$ 和 $[HAc] = c - [H^+]$ 关系式求出 $[Ac^-]$ 和 $[HAc]$，代入上面两式便可计算出该温度下的 K_a 及 α 值。

在弱电解质溶液中加入含有与该弱电解质具有相同离子的强电解质，从而使弱电解质的电离平衡朝着生成弱电解质分子的方向移动，导致弱电解质电离度降低的效应，称为同离子效应。如果在醋酸溶液中加入一些醋酸钠固体，由于醋酸钠在水中是完全电离的，使溶液中 Ac^- 浓度增加，这样原有醋酸的电离平衡被破坏，平衡向左转移，使溶液中 $[H^+]$ 显著减少，则使醋酸的电离度减小；如果在醋酸溶液中有盐酸等强酸存在，则与上例情况完全相同，醋酸的电离度也会减小。

注意：弱电解质的电离常数，在其他电解质存在的情况下基本还保持恒定的数值。

实验步骤

1. 测定不同浓度醋酸的 pH

（1）用吸管分别吸取 25.00 mL、5.00 mL、2.50 mL 0.10 mol·L^{-1}（需标定）的 HAc 溶液于三个 50 mL 容量瓶中，用纯水稀释至标线，摇匀。其编号为 2、3、4，而浓度为 0.10 mol·L^{-1} HAc 溶液编号为 1。

（2）使用 pH 计，由稀到浓分别测定 HAc 溶液的 pH。

2. 同离子效应

分别吸取 25.00 mL 0.10 mol·L^{-1} HAc 溶液、5.00 mL 0.10 mol·L^{-1} NaAc 溶液于同一个 50 mL 容量瓶中，用纯水稀释至标线，摇匀。其编号为 5，测定 pH。

注意事项

1. 应按 HAc 浓度由稀到浓的顺序测量 pH。

2. 测量 pH 时电极的测量部分应全部浸没在溶液中，否则读数不稳定且不准确。

数据处理

计算每份溶液的 $c(H^+)$、HAc 的 K_a 和 α。

测定数据、计算结果以表格形式列出。

思考题

1. 测得已知浓度醋酸溶液的 pH 后，如何计算醋酸的电离常数 K_a 和电离度 α？在醋酸、醋酸钠的体系中如何计算 K_a 和 α？

2. 对某一弱电解质，例如醋酸，"电离度越大，酸度就越大"的说法，是否正确？

3. 弱电解质溶液的电离度与哪些因素有关？

4. 若 HAc 溶液的浓度保持不变，在不同温度下，电离度和电离常数有何变化？

5. 还有哪些方法可以测定弱电解质的电离常数？

7.4 碘酸铜溶度积的测定

实验目的

1. 了解分光光度法测定碘酸铜溶度积的原理和方法;
2. 学习使用分光光度计;
3. 了解光的吸收定律——Beer 定律,学习吸收曲线和工作曲线的绘制;
4. 加深对沉淀平衡和配位平衡的理解。

实验原理

碘酸铜溶度
积的测定

$Cu(IO_3)_2$ 是难溶强电解质,在其饱和水溶液中,存在以下溶解平衡:

$$Cu(IO_3)_2(s) \rightleftharpoons Cu^{2+}(aq) + 2IO_3^-(aq)$$

$$K_{sp} = [Cu^{2+}][IO_3^-]^2$$

在一定温度下 K_{sp} 是一个常数。如果能测得在一定温度下 $Cu(IO_3)_2$ 饱和溶液中的 Cu^{2+} 和 IO_3^- 的平衡浓度,就可以求算出该温度下的 K_{sp}。

本实验采用分光光度法测定 Cu^{2+} 浓度。利用 Cu^{2+} 与 NH_3 生成深蓝色的 $[Cu(NH_3)_4]^{2+}$,用分光光度法测定其吸光度。在实验条件下,NH_3 无色,$[Cu^{2+}]$ 很小,也几乎不吸收可见光,因此溶液的吸光度只与有色配离子(铜氨离子)浓度成正比。通过测定标准铜氨离子溶液的吸光度,绘制 $A \sim c(Cu)$ 工作曲线。再测定 $Cu(IO_3)_2$ 饱和溶液中的 Cu^{2+} 配制成铜氨离子的吸光度,从工作曲线上找到相应的 $c(Cu)$。根据 $K_{sp} = [Cu^{2+}][IO_3^-]^2 = 4[Cu^{2+}]^3$,即可计算出实验温度下的溶度积常数。

实验步骤

1. 碘酸铜饱和溶液的配制

(1) $Cu(IO_3)_2$ 固体的制备:用 1 $mol \cdot L^{-1}$ $CuSO_4$ 溶液,0.3 $mol \cdot L^{-1}$ KIO_3 溶液制备 1~2 g 干燥的 $Cu(IO_3)_2$ 固体,其中 $CuSO_4$ 溶液稍过量。所得 $Cu(IO_3)_2$ 湿固体需用纯水洗涤至无 SO_4^{2-},烘干待用。

(2) 配制 $Cu(IO_3)_2$ 的饱和溶液:取碘酸铜固体 1.5 g 放入 250 mL 锥形瓶中,加入 150 mL 纯水,在磁力加热搅拌器上边搅拌、边加热至 343~353 K,并持续 15 min,冷却,静止 2~3 h。

2. 溶度积的测定

方法 1　工作曲线法

(1) 工作曲线的绘制

① 计算配制 25.00 mL 0.015 0 $mol \cdot L^{-1}$、0.010 0 $mol \cdot L^{-1}$、0.005 00 $mol \cdot L^{-1}$、0.002 00 $mol \cdot L^{-1}$ Cu^{2+} 溶液所需的 0.1 $mol \cdot L^{-1}$ $CuSO_4$ 标准溶液的体积。用吸管分别吸取计算量的 0.1 $mol \cdot L^{-1}$ $CuSO_4$ 溶液,分别转移至四只 50 mL 容量瓶中,各加入 25.00 mL 1 $mol \cdot L^{-1}$ 氨水,并用纯水稀释至标线,摇匀。

② 吸收曲线的绘制:用 1 cm 比色皿,以纯水为参比溶液,在 400~800 nm 波长范围,在 7200 型分光光度计上,测定由 0.0100 $mol \cdot L^{-1}$ Cu^{2+} 溶液与 1 $mol \cdot L^{-1}$ 氨水配制的标准溶液的吸光度(A),每隔 10 nm 测 1 次。根据测定数据,以吸光度 A 为纵坐标,波长 λ 为横坐标,绘制吸收曲线,由吸收曲线确定最大吸收波长 λ_{max}。

③ 工作曲线的绘制:用 1 cm 比色皿,以纯水为参比溶液,λ_{max} 为测定波长,测定标准溶液的吸光度(A)。以吸光度(A)为纵坐标,标准溶液 $c(Cu^{2+})$ 为横坐标,绘制工作曲线。

(2) 碘酸铜饱和溶液中 Cu^{2+} 浓度的测定

事先烘干长颈漏斗及所需烧杯,以常压方式过滤碘酸铜饱和溶液。分别移取 10.00 mL 滤液两份于干燥的 50 mL 烧杯中,各加 10.00 mL 1 $mol \cdot L^{-1}$ 氨水,混合均匀后,在与测定工作曲线相同的条件下测定吸光度。根据测得的 A 值,在工作曲线上找出相应的 Cu^{2+} 浓度,根据 Cu^{2+} 浓度,计算 K_{sp} 的数值。

方法 2　浓度直接测定法

(1) 配制标准溶液:计算配制 25.00 mL 0.005 00 $mol \cdot L^{-1}$ Cu^{2+} 溶液所需

的 0.1 mol·L^{-1} CuSO$_4$ 标准溶液的体积。移取计算量的 0.1 mol·L^{-1} CuSO$_4$ 标准溶液于 50 mL 容量瓶中，加入 25.00 mL 1 mol·L^{-1} 氨水，并用纯水稀释至标线，摇匀。

（2）吸收曲线的绘制：在 7200 型分光光度计上，使用 1 cm 比色皿，以纯水为参比溶液，在 400～800 nm 之间，每隔 10 nm 测定标准溶液的吸光度 A。以吸光度 A 为纵坐标，波长 λ 为横坐标，绘制吸收曲线。由吸收曲线确定最大吸收波长 λ_{max}。

（3）测定：按方法 1 中（2）的实验步骤，在干燥烧杯中，分别移取 10.00 mL 饱和溶液两份，各加 10.00 mL 1 mol·L^{-1} 氨水，配制混合液两份。

用 1 cm 比色皿，以纯水为参比溶液，λ_{max} 为测定波长，将盛有标准铜氨溶液的比色皿放入测量光路，调节浓度数值，使数字显示值为已知浓度值。将待测液进入光路，即可读出被测液的浓度值。根据[Cu^{2+}]的平均值，计算 K_{sp}。

将碘酸铜饱和溶液连同固体倒入回收瓶中，以便经处理后再利用。

注意事项

（1）各套比色皿不能相互混用。

（2）拿取比色皿时，只能用手指接触两侧的毛玻璃，避免接触光学面。

思考题

1. 本实验怎样测定碘酸铜的溶度积？

2. 制备碘酸铜固体时，为何要硫酸铜过量？为何要洗至无 SO$_4^{2-}$ 存在？

3. 为什么要做工作曲线？

4. 生成深蓝色的[Cu(NH$_3$)$_4$]$^{2+}$ 是比色测定的基础。在测定工作曲线和未知液时，所用氨水浓度不同，对测定结果是否有影响？

5. 饱和溶液的冷却、静止时间不足，对测定结果有何影响？

6. 在吸取饱和溶液时，如带入沉淀，对结果有何影响？如何避免带入沉淀？

📖 7.5 能斯特方程与条件电势

硫酸高铁铵及硫酸亚铁铵溶液酸性高,须回收至酸性废液中。

实验目的

1. 加深对条件电势的理解;
2. 学会应用 pH 计测定电池电动势(E)的方法;
3. 熟练应用图解法来求得实验结果。

实验原理

1. 表示电极电势的能斯特方程

影响电极电势的因素主要有:电极的本性、氧化型物种和还原型物种的浓度(或分压)及温度。对于任何给定的电极,其电极电势与两物种浓度及温度的关系,遵循能斯特方程(Nernst equation)。

设有电极反应如下:

$$Ox + ze^- = Red$$

$$E(Ox/Red) = E^\ominus(Ox/Red) + \frac{RT}{zF}\ln\frac{[Ox]}{[Red]} \tag{1}$$

式(1)称为能斯特方程。式中,z 表示电极反应中电子的化学计量数,常称为电子转移数或得失电子数;$\frac{[Ox]}{[Red]}$ 表示电极反应中氧化型一方各物种浓度的乘积与还原型一方各物种浓度的乘积之比,其中,物种浓度的幂次,等于它们各自在电极反应中的化学计量数。

将 R、F 的值代入式(1)并取常用对数,则在 298 K 时,得到能斯特方程的数值方程:

$$E(Ox/Red) = E^\ominus(Ox/Red) + \frac{0.059}{z}\lg\frac{[Ox]}{[Red]}$$

从式(1)可以看出,氧化型物种的浓度愈大或者还原型物种的浓度愈小,则电对的电极电势愈高,说明氧化型物种获得电子的倾向愈大。

2. 条件电极电势

离子强度对电势有一定的影响,能斯特方程中的浓度应采用相应的活度表示。特别是当溶液的离子强度较大、氧化型和还原型物种的价态较高时,活度系数受离子强度的影响较大,因而用浓度代替活度会有较大的偏差。此外,对电极电势影响更大的是当溶液的组成改变时,氧化型和还原型物种可能发生各种副反应,如酸度的变化、沉淀和配合物形成等。因此,在不少情况下,除了要考虑活度系数因素之外,还要考虑因其他反应而引起的浓度的变化。

例如,在计算 HCl 溶液中电对 Fe(Ⅲ)/Fe(Ⅱ)的电势时,由能斯特方程得到:

$$E(Fe^{3+}/Fe^{2+}) = E^{\ominus}(Fe^{3+}/Fe^{2+}) + 0.059 \lg \frac{\alpha(Fe^{3+})}{\alpha(Fe^{2+})}$$

若以浓度代替活度,则必须引入活度系数 γ:

$$E(Fe^{3+}/Fe^{2+}) = E^{\ominus}(Fe^{3+}/Fe^{2+}) + 0.059 \lg \frac{\gamma(Fe^{3+})[Fe^{3+}]}{\gamma Fe^{2+}[Fe^{2+}]}$$

另一方面,由于 Fe^{3+}、Fe^{2+} 在溶液中存在形成一系列羟基配合物和氯离子配合物等副反应,还必须引入副反应系数 α:

$$\alpha\{Fe(Ⅲ)\} = \frac{c\{Fe(Ⅲ)\}}{[Fe^{3+}]} \quad \alpha\{Fe(Ⅱ)\} = \frac{c\{Fe(Ⅱ)\}}{[Fe^{2+}]}$$

代入上式,则有:

$$E(Fe^{3+}/Fe^{2+}) = E^{\ominus}(Fe^{3+}/Fe^{2+}) + 0.059 \lg \frac{\gamma(Fe^{3+})\alpha\{Fe(Ⅱ)\}c\{Fe(Ⅲ)\}}{\gamma(Fe^{2+})\alpha\{Fe(Ⅲ)\}c\{Fe(Ⅱ)\}}$$

$$= E^{\ominus}(Fe^{3+}/Fe^{2+}) + 0.059 \lg \frac{\gamma(Fe^{3+})\alpha\{Fe(Ⅱ)\}}{\gamma(Fe^{2+})\alpha\{Fe(Ⅲ)\}}$$

$$+ 0.059 \lg \frac{c\{Fe(Ⅲ)\}}{c\{Fe(Ⅱ)\}}$$

在一定条件下,上式中 γ 和 α 有固定值,因而前两项之和应为一常数,令其为 $E^{\theta'}$,则有:

$$E^{\theta'}(Fe^{3+}/Fe^{2+}) = E^{\ominus}(Fe^{3+}/Fe^{2+}) + 0.059 \lg \frac{\gamma(Fe^{3+})\alpha\{Fe(Ⅱ)\}}{\gamma(Fe^{2+})\alpha(Fe(Ⅲ))}$$

式中的 $E^{\ominus\prime}$ 是在特定条件下氧化型物种和还原型物种的总浓度均等于 $1\ \mathrm{mol \cdot L^{-1}}$ 时的实际电极电势,是一个随实验条件而变的常数,故称为条件电极电势,简称条件电势,反映了离子强度和各种副反应对电极电势影响的总结果。

电对 Fe(Ⅲ)/Fe(Ⅱ) 的电极电势与浓度和温度间的关系,用能斯特方程表示为:

$$E(\mathrm{Fe^{3+}/Fe^{2+}}) = E^{\ominus\prime}(\mathrm{Fe^{3+}/Fe^{2+}}) + \frac{2.303RT}{nF}\lg\frac{c\{\mathrm{Fe(Ⅲ)}\}}{c\{\mathrm{Fe(Ⅱ)}\}}$$

通过实验测定不同 $c(\mathrm{Fe^{3+}})/c(\mathrm{Fe^{2+}})$ 值溶液的电极电势值,然后以 $E(\mathrm{Fe^{3+}/Fe^{2+}})$ 对 $\lg[c(\mathrm{Fe^{3+}})]/[c(\mathrm{Fe^{2+}})]$ 作图,得一条直线,其截距就是条件电极电势 $E^{\ominus\prime}$,从斜率可求出得失电子数 n。

实验步骤

1. 仪器安装

把饱和甘汞电极、铂电极安装在电极架上,饱和甘汞电极接在参比电极的接线柱上,铂电极的插头插入 pH 电极插座。用纯水冲洗电极,并将之浸入盛有纯水的烧杯中,pH 计接通电源,仪器预热 30 min。

2. 溶液配制

用 $0.050\ 0\ \mathrm{mol \cdot L^{-1}}$ $\mathrm{NH_4Fe(SO_4)_2}$(溶于 $1\ \mathrm{mol \cdot L^{-1}}$ $\mathrm{H_2SO_4}$ 溶液中)溶液,$0.050\ 0\ \mathrm{mol \cdot L^{-1}}$ $\mathrm{(NH_4)_2Fe(SO_4)_2}$(溶于 $1\ \mathrm{mol \cdot L^{-1}}$ $\mathrm{H_2SO_4}$ 溶液中)溶液,在 5 个干燥而洁净的 100 mL 烧杯中,按表配制溶液。

表 7 - 3　溶液的配制

实 验 号	1	2	3	4	5
Fe²⁺ 溶液的体积/mL	5.00	15.00	25.00	35.00	45.00
Fe³⁺ 溶液的体积/mL	45.00	35.00	25.00	15.00	5.00
电池电动势/V					

3. 电动势的测量

按下"mV"开关,"mV"指示灯亮。把铂电极和饱和甘汞电极从纯水中取出,用滤纸轻轻吸干水,将电极插入测定液中,旋摇烧杯使溶液均匀、静置,按"读数"键,显示屏显示的值即为电池的电动势值,记录。

重复上述操作,测出其他 4 份溶液的电动势值。铂电极和饱和甘汞电极插入每一份溶液之前,都要用纯水冲洗干净,并用滤纸吸干。

注意事项

甘汞电极内部溶液中不能有气泡;如有气泡,可以用手指轻弹电极以赶除。

数据处理

(1) 计算每一份溶液中 $c(Fe^{3+})/c(Fe^{2+})$、$\lg[c(Fe^{3+})/c(Fe^{2+})]$值。

(2) 由实验测出的电动势值,求 $E(Fe^{3+}/Fe^{2+})$值。

(3) 以 $E(Fe^{3+}/Fe^{2+})$对 $\lg[c(Fe^{3+})/c(Fe^{2+})]$作图,从而求出 n 以及条件电势 $E^{\ominus\prime}(Fe^{3+}/Fe^{2+})$。

思考题

1. 实验中为什么要用参比电极?选用何种电极作为参比电极?为什么?

2. 配制测定溶液的五个烧杯为什么要烘干?能否用任意一种铁离子溶液荡洗?

3. 为什么实验中求得的是条件电势 $E^{\ominus\prime}(Fe^{3+}/Fe^{2+})$,而不是标准电极电势?

4. SCN^- 与 Fe^{3+} 形成的配合物比它与 Fe^{2+} 形成的配合物稳定。在测定溶液中加一些硫氰酸钾固体,则 $E(Fe^{3+}/Fe^{2+})$有何变化?说明原因。

📖 7.6　磺基水杨酸合铁配合物的组成及稳定常数的测定

实验目的

1. 了解比色法测定溶液中配合物组成及其稳定常数的原理;
2. 学习分光光度计的使用方法。

基本原理

磺基水杨酸(简化为 H_3R),与 Fe^{3+} 可以形成稳定的配合物,配合物的组成随溶液 pH 值的不同而改变。当溶液的 pH<4 时,形成紫红色的配合物;pH=4~9 时,生成红色的配合物;pH=9~11.5 时,生成黄色的配合物。本实验采用连续变化法(等摩尔系列法)测定 pH=2~3 时,磺基水杨酸与 Fe^{3+} 形成的配合物的组成和稳定常数。

采用本方法测定时,要求溶液中的金属离子和配体都是无色的,而形成的配合物是有色的,并且在一定条件下只生成单一配合物,这样,溶液的吸光度只与配合物本身的浓度成正比。本实验所用的磺基水杨酸是无色的,Fe^{3+} 溶液很稀时,也可以认为是无色的,只有配合物显紫红色,并且能一定程度地吸收波长为 500 nm 的单色光。

实验过程中,保持溶液中金属离子的浓度 $c(M)$ 与配位体的浓度 $c(R)$ 之和不变(即总摩尔数不变)的前提下,改变 $c(R)$ 和 $c(M)$ 的相对比值,配制一系列溶液,这样的系列称为等摩尔系列。测定该系列的吸光度,以吸光度为纵坐标,M 与 R 的浓度比为横坐标作图,得图 7-2 所示曲线,这是有关配合物吸光度—组成的连续变化曲线。将曲线两边的直线部分延长,相交于 A 点,A 点处的浓度比即是该配合物的配位比。

若溶液中 M 与 R 的物质的量之比为 1∶1 时,如果全部生成 MR 配合物,

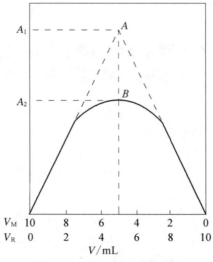

图 7–2 吸光度—组成曲线

则应该具有 A 点处的吸光度 A_1。但实际上,观测到的只有 B 处的吸光度 A_2,因为有部分 MR 发生解离。根据 A_1 和 A_2 的差别,可求得配合物的解离度 α:

$$\alpha = \frac{A_1 - A_2}{A_1}$$

而该配合物的稳定常数,可由下式推导:

$$\text{MR} \rightleftharpoons \text{M} + \text{R}$$

总浓度 $\qquad c$

平衡浓度 $\quad c(1-\alpha) \qquad c \cdot \alpha \qquad c \cdot \alpha$

$$\beta = \frac{[\text{MR}]}{[\text{M}][\text{R}]} = \frac{c(1-\alpha)}{c\alpha \cdot c\alpha} = \frac{1-\alpha}{c\alpha^2}$$

这样得到的 β 是表观稳定常数,如要准确测定热力学稳定常数,还要控制测定时的温度和离子强度,并进行酸效应和配位效应等校正。

此法最大的优点是简单、迅速,但配合物稳定性要适中,配位数不能太高($n \leqslant 3$),否则得不到正确的结果。

实验步骤

1. 由储备液 $0.010\ 0\ \text{mol} \cdot \text{L}^{-1}\ \text{NH}_4\text{Fe}(\text{SO}_4)_2$(溶于 pH=2 的 H_2SO_4 溶液中)和 $0.010\ 0\ \text{mol} \cdot \text{L}^{-1}$ 磺基水杨酸,配制 250 mL $0.001\ 00\ \text{mol} \cdot \text{L}^{-1}$

$NH_4Fe(SO_4)_2$溶液和 0.001 00 mol·L^{-1}磺基水杨酸,并使两溶液的 pH＝2 (在稀释接近标线时,测其 pH。若 pH 偏离 2,可滴加 1 滴浓硫酸或 6 mol·L^{-1} NaOH 溶液于该容量瓶中即可)。

2. 按表 7 - 4 所示溶液体积,在 11 个已编号的干燥洁净的 25 mL 烧杯中配制等摩尔系列溶液。

表 7 - 4　溶液配制

混合液编号	1	2	3	4	5	6	7	8	9	10	11
$NH_4Fe(SO_4)_2$溶液的体积/mL	10.00	9.00	8.00	7.00	6.00	5.00	4.00	3.00	2.00	1.00	0
磺基水杨酸溶液的体积/mL	0	1.00	2.00	3.00	4.00	5.00	6.00	7.00	8.00	9.00	10.00
混合液吸光度 A											

3. 测定等摩尔系列溶液的吸光度

在 7200 型分光光度计上,发射光波长 λ＝500 nm 时,使用 1 cm 比色皿,以蒸馏水为空白参照,测定一系列混合液的吸光度,并记录于表格中。

数据记录与结果处理

1. 以测得的吸光度为纵坐标、溶液的体积比为横坐标,作图。

2. 从图上找出有关数据,确定在本实验条件下 Fe^{3+} 与 R^{3-} 形成的配合物的组成。

3. 计算解离度和稳定常数。

┌─ 思考题 ─────────────────────

　1. 如果溶液中有几种不同组成的有色配合物同时存在,能否用本实验方法测定它们的组成和稳定常数?

　2. 用等摩尔数连续变化法测定配合物的组成时,为什么说溶液中金属离子的摩尔数与配位体摩尔数之比正好与配离子组成相同时,配离子的浓度为最大?

　3. 实验中如果温度有较大变化,对测得的稳定常数有何影响?

　4. 实验中每份溶液的 pH 是否一样? 如果不一样,对结果有何影响?

└─────────────────────────────

第八章　综合性实验

8.1　饮料中维生素 C 和柠檬酸含量的测定

安全提示

磁力加热搅拌器的电线避免接触加热盘。

实验目的

1. 掌握 NaOH 标准溶液、碘标准溶液的配制和标定方法；
2. 熟悉并掌握维生素 C 和柠檬酸含量的测定方法。

实验原理

市售各种品牌的果汁饮品，绝大多数均含有柠檬酸和抗坏血酸（即维生素 C）两种主要成分。开展以“饮料中维生素 C 和柠檬酸含量的测定”为主题的综合实验，可以引导学生关注食品标识及其质量、营养与健康等问题，选择相对更加健康合格的饮料，培养自我保护的消费意识。

柠檬酸是饮料和食品行业的酸味剂、防腐剂，用于各种饮料、汽水、葡萄酒、糖果、点心、饼干、罐头果汁、乳制品等食品的制造，使其口感爽快柔和，增进食欲、促进消化。

柠檬酸又名枸橼酸，无色结晶或白色晶状粉末，易溶于水和乙醇，微溶于乙醚，在潮湿空气中易潮解，其结构式如下：

$$\begin{array}{lcl} & & \mathrm{CH_2{-}COOH} \\ & & \,| \\ \mathrm{HO{-}} & \mathrm{C} & \mathrm{{-}COOH} \\ & & \,| \\ & & \mathrm{CH_2{-}COOH} \end{array}$$

柠檬酸是较强的有机酸,在水溶液中有 3 个质子可以解离,可用标准碱溶液滴定。滴定试样液中的柠檬酸时,以酚酞为指示剂,当滴定至溶液呈浅红色,且 30 s 不褪色时,即为终点。根据消耗的标准 NaOH 溶液体积,可算出试样中柠檬酸的总酸度。反应式为:

$$
\begin{array}{c}
CH_2—COOH \\
HO—C—COOH \\
CH_2—COOH
\end{array}
+3NaOH =\!=\!=
\begin{array}{c}
CH_2—COONa \\
HO—C—COONa \\
CH_2—COONa
\end{array}
+3H_2O
$$

维生素 C 广泛存在于新鲜水果和蔬菜中,而人体自身不能合成,必须从食物中获取,适量饮用富含维生素 C 的饮料可以补充人体所需。

维生素 C 又名抗坏血酸,为无色晶体,熔点 190～192 ℃,易溶于水,其水溶液呈酸性,其结构式是:

维生素 C 分子结构中的烯二醇结构具有还原性,能被 I_2 定量地氧化成二酮。因而,可用 I_2 标准溶液进行直接测定。其滴定反应式如下:

$$C_6H_8O_6+I_2 =\!=\!= C_6H_6O_6+2HI$$

用淀粉溶液作指示剂,当滴定到溶液出现蓝色时,即为终点。

由于维生素 C 的还原性很强,即使在弱酸性条件下,上述反应也进行得相当完全。维生素 C 在空气中易被氧化,尤其在碱性介质中反应强烈,故该滴定反应在稀 HAc 中进行,以减少维生素 C 的副反应。

I_2 标准溶液采用间接配制法获得,用 $Na_2S_2O_3$ 标准溶液标定,反应如下:

$$2S_2O_3^{2-}+I_2 =\!=\!= S_4O_6^{2-}+2I^-$$

实验步骤

1. 样品的准备

准确吸取果汁饮料 100 mL,转移至 250 mL 烧杯中,加热煮沸 10 min(逐出 CO_2),自然冷却至室温,转移至 100 mL 容量瓶中,用蒸馏水定容,待用。

2. 样品中柠檬酸含量的测定

准确移取制备的样品溶液 10.00 mL 于 250 mL 锥形瓶中,加纯水至 50 mL,加入 2 滴酚酞指示剂,用 0.1 mol·L⁻¹ NaOH 标准溶液滴定至微红色 30 s 不褪色,即为终点。平行测定 3 份。

3. 样品中维生素 C 含量的测定

(1) 0.05 mol·L⁻¹ I₂ 标准溶液的配制与标定

称取 1.3 g I₂ 和 2.0 g KI 置于小烧杯中,加少量水,搅拌至 I₂ 全部溶解,转入 250 mL 棕色瓶中,加水至 250 mL,混合均匀。

准确移取 25.00 mL 0.02 mol·L⁻¹ Na₂S₂O₃ 标准溶液于 250 mL 锥形瓶中,加 50 mL 蒸馏水、2 mL 淀粉指示剂,用 I₂ 滴定至出现稳定的蓝色且 30 s 不褪色,即为终点。平行标定 3 次。

(2) 维生素 C 含量的测定

取 25.00 mL 果汁饮料,置于 250 mL 锥形瓶中,加入 100 mL 新煮沸过的冷蒸馏水,加入 10 mL 2 mol·L⁻¹ HAc 和 2 mL 淀粉指示剂,立即用 I₂ 标准溶液滴定至出现稳定的蓝色且 30 s 内不褪色,即为终点。平行测定 3 份。

注意事项

1. 测定果汁酸度时,要将样品煮沸以除去溶解的 CO₂ 气体,稀释样品用的蒸馏水也应不含 CO₂,否则会影响测定结果的准确性。可将蒸馏水在使用前煮沸 15 min,并迅速冷却备用。

2. 抗坏血酸分子中的烯二醇基团与 I₂ 的氧化反应,在碱性或酸性条件下均可进行。在酸性介质中,抗坏血酸表现稳定,且无副反应,所以反应在稀酸环境中进行更好。但是,溶液 pH 不能太低。如果 pH 过低,溶液中一些强还原性物质能与维生素 C 作用;pH 太高,空气中的氧能与维生素 C 发生氧化还原反应,这些都使测定结果偏低,并且精密度不高。实验表明 pH 应控制在 3~5 为宜。

4. 还原型维生素 C 不稳定,易被空气中的氧所氧化,因此,在测定果汁中的还原型维生素 C 含量时,应尽量缩短样品处理时间。获得检测液后,立即进行分析测试,不要放置过久,以便减少还原型维生素 C 的氧化损失,保证测定结果的稳定性,避免测定结果偏低。

数据记录与结果处理

1. 0.05 mol·L⁻¹ I₂标准溶液的标定
2. 柠檬酸含量的测定
3. 维生素 C 含量的测定

思考题

1. 溶解 I₂时,加入过量 KI 的作用是什么?
2. 测定维生素 C 含量时,为什么要加入新煮沸并冷却的蒸馏水?
3. 测定维生素 C 含量时,为什么要在 HAc 介质中进行?
4. 将实验所得出的结论与样品标识进行比较。

📖 8.2 二草酸合铜酸钾的制备和组成测定

安全提示

1. 高锰酸钾是强氧化剂,属于易制爆药品,具腐蚀性、刺激性,刺激皮肤后呈棕黑色,取用时应佩戴手套;

2. 取坩埚时用纸带,谨防烫伤;

3. 磁力加热搅拌器的电线避免接触加热盘;

4. 剩余高锰酸钾须回收至指定位置。

实验目的

1. 学习二草酸合铜酸钾的制备方法;

2. 掌握失重法测定结晶水的含量;

3. 掌握二价铜离子的测定中指示剂的选择及滴定条件;

4. 掌握草酸根含量的测定。

实验原理

草酸钾和硫酸铜反应,生成草酸合铜(Ⅱ)酸钾:

$$CuSO_4 + 2K_2C_2O_4 + 2H_2O = K_2Cu(C_2O_4)_2 \cdot 2H_2O + K_2SO_4$$

产物是一种蓝色晶体,在 150 ℃失去结晶水,在 260 ℃分解。虽可溶于温水,但会慢慢分解。

确定产物组成时,用重量分析法测定结晶水,用 EDTA 配位滴定法测铜离子的含量,用高锰酸钾法测草酸根的含量。

实验步骤

1. 二草酸合铜酸钾的制备

称取 2 g CuSO$_4$ · 5H$_2$O 溶于 8 mL 363 K 的水中,另取 6 g K$_2$C$_2$O$_4$ · H$_2$O 溶于 20 mL 363 K 的水中,趁热,在激烈搅拌下迅速将 K$_2$C$_2$O$_4$ 溶液加入 CuSO$_4$ 溶液中,冷至 283 K 有沉淀析出,减压过滤,用 4 mL 冷水分两次洗涤沉

淀,在 323 K 下烘干产品。

2. 组成分析

(1) 结晶水的测定:将两个干净坩埚放入烘箱中,在 423 K 下干燥 1 h,然后,放在干燥器内冷却 0.5 h,称量。再干燥 0.5 h,冷却,称量。循环操作,直至恒重。

准确称取 0.5～0.6 g 产物两份,分别放入两个已恒重的坩埚内,在与空坩埚相同的条件下干燥、冷却、称量,直至恒重。

(2) 铜含量的测定:准确称取 0.34～0.38 g 产物一份,用 1～2 mL 浓氨水溶解,加水稀释后,将溶液定量转移至 100 mL 容量瓶中,稀释至标线,摇匀。准确移取 25.00 mL 溶液两份,分别加入 5 mL NH_3-NH_4Cl 缓冲溶液、5 滴 PAN 指示剂[1-(2-吡啶偶氮)-2 萘酚的 0.1‰乙醇溶液],用 0.01 mol·L^{-1} 的 EDTA 标准溶液滴定至溶液由浅蓝色变为翠绿色,即到终点。

(3) 草酸根含量测定:准确称取 0.21～0.23 g 产物两份,分别用 2 mL 浓氨水溶解,加入 15 mL 3 mol·L^{-1} H_2SO_4 溶液,此时会有淡蓝色沉淀出现,稀释至 100 mL。水浴加热至 343～358 K,趁热,用 0.02 mol·L^{-1} $KMnO_4$ 标准溶液滴定至显微红色且 30 s 内不褪色,即到终点。

根据以上分析结果,计算 H_2O、Cu^{2+} 和 $C_2O_4^{2-}$ 含量,并推算出产物的实验式。

注意事项

(1) 二草酸合铜酸钾配合物在水溶液中极不稳定,易形成草酸铜沉淀,因此,要冷至 10 ℃,减压过滤后冷水洗涤,产品在 50 ℃下烘干。

(2) 滴定快到终点时,应该慢滴多搅,滴定速度快了,将容易滴过终点。

思考题

$C_2O_4^{2-}$ 和 Cu^{2+} 分别测定的原理是什么?除本实验的方法外,还可以采用什么分析方法?

8.3 铁的草酸盐配合物的制备及其组成测定

安全提示

1. 草酸对皮肤、黏膜有刺激及腐蚀作用,易经表皮、黏膜吸收引起中毒,使用时须佩戴好防护设施;

2. 高锰酸钾是强氧化剂,属于易制爆药品,具腐蚀性、刺激性,刺激皮肤后呈棕黑色,取用时应佩戴手套;

3. 趁热过滤时戴好纱布手套,谨防烫伤;

4. 磁力加热搅拌器的电线避免接触加热盘;

5. 剩余高锰酸钾须回收至指定位置。

实验目的

1. 掌握合成 $K_3Fe[(C_2O_4)_3] \cdot 3H_2O$ 的基本原理和操作技术;

2. 了解 Fe(Ⅱ)、Fe(Ⅲ) 两种草酸盐配合物的性质及相关鉴定方法;

3. 巩固配合物制备及容量分析等相关操作。

实验原理

目前,合成三草酸合铁(Ⅲ)酸钾的工艺路线有多种。例如,可以铁为原料制得硫酸亚铁铵,加草酸钾制得草酸亚铁,经氧化制得三草酸合铁(Ⅲ)酸钾;或以硫酸亚铁加草酸钾形成草酸亚铁,经氧化结晶得三草酸合铁(Ⅲ)酸钾;亦可以三氯化铁或硫酸铁与草酸钾直接合成三草酸合铁(Ⅲ)酸钾。本实验以硫酸亚铁铵为原料,与草酸在酸性溶液中先反应制得草酸亚铁沉淀。然后,在草酸钾和草酸的存在下,以过氧化氢为氧化剂处理草酸亚铁,得到铁(Ⅲ)草酸配合物。改变溶剂极性并加少量盐析剂,可析出绿色单斜晶体三草酸合铁(Ⅲ)酸钾。

$$(NH_4)_2Fe(SO_4)_2 + H_2C_2O_4 + 2H_2O == FeC_2O_4 \cdot 2H_2O \downarrow + (NH_4)_2SO_4 + H_2SO_4$$

$$2FeC_2O_4 \cdot 2H_2O + H_2O_2 + 3K_2C_2O_4 + H_2C_2O_4 == 2K_3[Fe(C_2O_4)_3] \cdot 3H_2O$$

用 $KMnO_4$ 标准溶液在酸性介质中滴定,可以测得草酸根的含量。采用过量锌粉将 Fe^{3+} 还原为 Fe^{2+},然后再用 $KMnO_4$ 标准溶液滴定,可以测得铁的含量。反应式为：

$$5C_2O_4^{2-}+2MnO_4^-+16H^+\!=\!\!=\!\!10CO_2\uparrow+2Mn^{2+}+8H_2O$$
$$5Fe^{2+}+MnO_4^-+8H^+\!=\!\!=\!\!5Fe^{3+}+Mn^{2+}+4H_2O$$

实验步骤

1. 黄色化合物 $Fe_x(C_2O_4)_y\cdot zH_2O$ 的制备

在 $3.0\ g\ H_2C_2O_4\cdot 2H_2O$ 固体中，加 30 mL 纯水，343～353 K 水浴加热溶解（溶液甲）。在 $6.0\ g\ Fe(NH_4)_2(SO_4)_2\cdot 6H_2O$ 固体中，加 24 mL 纯水，加入约 $0.6\ mL\ 2\ mol\cdot L^{-1}\ H_2SO_4$ 溶液酸化，313～323 K 水浴加热至溶解（溶液乙）。边搅拌、边连续滴加溶液甲到溶液乙中，并将混合液继续水浴加热 5～10 min，静置，待产物完全沉淀后，冷却、过滤。用纯水洗涤产物 3 次，再用丙酮洗涤 2 次，每次 2 mL，抽干，沸水浴烘干，称量，保存待用。

2. 绿色化合物 $K_xFe_y(C_2O_4)_z\cdot wH_2O$ 的制备

称取 1 g 自制黄色化合物，加入 2.5 mL 纯水配成悬浮液，边搅拌、边加入 $1.6\ g\ K_2C_2O_4\cdot H_2O$ 固体。水浴加热至 313 K，并保持此温度，滴加 $10\ mL\ 15\%\ H_2O_2$ 溶液，此时会有棕色沉淀析出。加热溶液至沸，将 $0.6\ g\ H_2C_2O_4\cdot 2H_2O$ 固体慢慢加入体系，至呈现亮绿色透明溶液，如有混浊可趁热过滤。往清液中加入 4 mL 95％乙醇，置于暗处。待其析出晶体，抽滤，先用 1∶1 乙醇溶液洗涤产物，再用丙酮洗涤，抽干，称量，将产物置于棕色瓶中待用。

3. 产物的性质试验

（1）将 0.5 g 自制的黄色产物配成 5 mL 溶液（可加 $2\ mol\cdot L^{-1}\ H_2SO_4$ 溶液微热溶解）。

① 检验铁离子的氧化数。

② 酸性介质中，检验其与 $KMnO_4$ 溶液的作用，观察现象，并检验反应后铁离子的氧化数。再加 1 小片 Zn 片，反应后再次检验铁离子的氧化数。

（2）取 0.5 g 自制的绿色产物，加 5 mL 纯水配成溶液，进行以下试验：

① 取 2 滴溶液，加入 1 滴 $2\ mol\cdot L^{-1}\ HCl$ 溶液，检验铁离子的氧化数。

② 在酸性介质中，检验与 $KMnO_4$ 溶液的作用，观察现象，检验铁离子的

氧化数。再加 1 小片 Zn 片,反应后再次检验铁离子的氧化数。

通过以上试验,确定黄色和绿色化合物中铁离子的氧化数。当它们分别与 $KMnO_4$ 溶液和 Zn 片作用时,铁离子的氧化数有何变化?

4. 黄色化合物的组成测定

(1) 准确称取 0.18～0.23 g 自制黄色产物两份,分别加入 25 mL 2 mol·L^{-1} H_2SO_4 溶液溶解,欲加速溶解可微微加热(低于 313 K)。在 343～358 K 的水浴上,用 $KMnO_4$ 标准溶液滴定至终点。

(2) 在上述滴定液中加 2 g Zn 粉和 5 mL 2 mol·L^{-1} H_2SO_4 溶液(若 Zn 和 H_2SO_4 不足,可补加,亦可加热)。几分钟后,用滴管吸出 1 滴溶液,在点滴板上用 KSCN 溶液检验。若只显极浅红色,表明 Fe^{3+} 已被完全还原成 Fe^{2+},过滤(玻璃漏斗、脱脂棉)除去过量 Zn 粉,用 10 mL 稀 H_2SO_4 溶液洗涤 Zn 粉,合并洗涤液和滤液,用 $KMnO_4$ 标准溶液滴定至终点。

根据以上实验结果,推算黄色化合物的化学式。

5. 绿色化合物的组成测定

(1) 取自制绿色化合物 1～1.5 g,放入烘箱。在 383 K 干燥 1.5～2 h,放入干燥器内冷却待用。

(2) 准确称取 0.18～0.22 g 干燥过的试样两份,分别用与测定黄色产物组成相同的方法测出铁及草酸根的含量。

(3) 用重量法测定产物中结晶水的含量:试样量为 0.5～0.6 g,脱水温度为 383 K,第一次干燥时间 1 h,第二次干燥时间 20 min。根据称量结果,计算每克无水化合物所对应的结晶水的物质的量。

根据实验结果,推算绿色化合物的化学式。

注意事项

(1) 制备绿色化合物过程中,水浴温度要保持在 313 K,双氧水要除尽,草酸须慢慢加入;

(2) 绿色化合物见光易分解,加乙醇后,要置于暗处待其析出,产物保存于棕色瓶中;

(3) 使用锌粉还原 Fe^{3+} 时,尽量取少量,避免锌粉带入滤液中,同时,洗涤液要并入滤液;

(4) 重量分析时,两次干燥和冷却的条件要严格控制。

思考题

1. 如何用实验证明你所制得的产品不是单盐,而是配合物?

2. 如何分析 Fe^{3+} 含量?

3. 为什么制备黄色化合物时,要将溶液甲加到溶液乙中? 为什么要用纯水和有机溶剂洗涤产物? 不洗或洗涤不彻底对后续实验有何影响?

4. 在制备绿色化合物时,中间生成的棕色沉淀是何物? 写出制备过程中的反应方程式?

5. 制备绿色化合物的最后一步是加入乙醇,使产品析出,能否用蒸发浓缩的方法来代替?

8.4　葡萄糖酸锌的制备及锌含量测定

安全提示

1. 氨-氯化铵易挥发，对眼、鼻、皮肤有刺激性和腐蚀性，戴好防护设备(护目镜、手套、口罩)，在通风橱中取用；

2. 磁力加热搅拌器的电线避免接触加热盘。

实验目的

1. 学习并掌握葡萄糖酸锌的制备原理和方法；

2. 了解锌盐含量的测定方法。

实验原理

葡萄糖酸锌作为补锌药，具有见效快、吸收率高、副作用小等优点，主要用于治疗儿童及妊娠妇女由于缺锌引起的各种病症，也可作为儿童食品、糖果添加剂等。

葡萄糖酸锌为白色结晶或颗粒状粉末，无臭，易溶于水，不溶于乙醇、氯仿和乙醚。本实验采用葡萄糖酸钙与硫酸锌直接反应制备，反应方程式如下：

$$Ca(C_6H_{11}O_7)_2 + ZnSO_4 = Zn(C_6H_{11}O_7)_2 + CaSO_4 \downarrow$$

过滤除去 $CaSO_4$ 沉淀，滤液经浓缩、结晶可得葡萄糖酸锌晶体。

采用配位滴定法，在 NH_3-NH_4Cl 缓冲溶液中，以铬黑 T 为指示剂，用 EDTA 标准溶液滴定葡萄糖酸锌样品，根据消耗的 EDTA 体积可计算锌的含量。

实验步骤

1. 葡萄糖酸锌的制备

(1) 粗品的制备

取 250 mL 烧杯，加 40 mL 水，加热至 80～90 ℃，加入 6.7 g $ZnSO_4 \cdot 7H_2O$，

搅拌至完全溶解。将烧杯置于 90 ℃水浴中,逐渐加入 10 g 葡萄糖酸钙,搅拌至完全溶解,静置保温 20 min,趁热减压过滤,滤渣 $CaSO_4$ 弃去。滤液转移至烧杯中,加热近沸,加入少量活性炭脱色,趁热减压过滤。滤液转移至蒸发皿中,浓缩至黏稠状。将滤液冷却至室温,加入 20 mL 95％乙醇(降低葡萄糖酸锌的溶解度),并不断搅拌,此时有大量胶状的葡萄糖酸锌析出,用倾滗法去除乙醇,于胶状沉淀上再加 20 mL 95％乙醇,充分搅拌后,慢慢析出晶体,抽滤至干,得到葡萄糖酸锌粗品。母液回收。

(2)重结晶

在小烧杯内加 10 mL 纯水,加热至 90 ℃,将葡萄糖酸锌粗品加入,搅拌至溶解,趁热减压过滤。滤液冷却至室温,加 10 mL 95％乙醇,搅拌,待结晶析出后,减压过滤,将溶剂尽量抽干,得葡萄糖酸锌纯品。在 50 ℃下用恒温干燥箱烘干,称量,计算产率。

2. 样品中锌含量的测定

准确称取 2.3 g 左右所制样品,加适量蒸馏水溶解后转移至 100 mL 容量瓶中,定容,摇匀。准确移取 25.00 mL 试样液于锥形瓶中,加 10 mL NH_3-NH_4Cl(pH＝10)缓冲溶液,3 滴铬黑 T 指示剂,用 0.05 mol·L^{-1} EDTA 标准溶液滴定至溶液由酒红色变为纯蓝色,即为终点。平行测定三份,计算样品中锌的含量。

注意事项

1. 葡萄糖酸钙与硫酸锌反应时间不可过短,保证充分生成硫酸钙沉淀。

2. 抽滤除去硫酸钙后的滤液如果无色,可以不用脱色处理。如果脱色处理,一定要趁热过滤,防止产物过早冷却而析出。

思考题

1. 可否用 $ZnCl_2$ 为原料,与葡萄糖酸钙反应制备葡萄糖酸锌?说明理由。

2. 制备葡萄糖酸锌时,加入 95％乙醇为何能降低前者在水中的溶解度使之析出?

3. 为什么反应需要在 90 ℃恒温水浴中进行?

8.5 由废旧易拉罐制明矾及其纯度测定

1. 氨水易挥发,对眼、鼻、皮肤有刺激性和腐蚀性,戴好防护设备(护目镜、手套、口罩),在通风橱中取用。

2. 反应时放出氢气,需要在通风橱中进行;

3. 使用煤气灯时需要注意加热安全。

实验目的

1. 了解含铝易拉罐前处理方法;

2. 了解明矾的制备方法;

3. 认识铝和氢氧化铝的两性;

4. 练习和掌握样品溶解、过滤、结晶以及沉淀的转移和洗涤等无机制备中常用的基本操作;掌握测量铝含量的方法。

实验原理

十二水合硫酸铝钾,又称明矾、白矾、钾矾、钾铝矾、钾明矾,是含有结晶水的硫酸钾和硫酸铝的复盐。无色立方晶体,外表呈八面体,密度 $1.757\ \text{g/cm}^3$,熔点 $92.5\ ℃$, $92.5\ ℃$ 时失去 9 个分子结晶水, $200\ ℃$ 时失去 12 个分子结晶水,溶于水,不溶于乙醇。

明矾有抗菌、收敛作用等,可用做中药,还可用于制备铝盐、发酵粉、油漆、鞣料、澄清剂、媒染剂、造纸、防水剂等,还可用于食品添加剂。在生活中,常用于净水以及食用膨胀剂。

1. 明矾制备原理

铝制易拉罐主要成分有铝、硅以及少量的锰。铝是两性元素,其单质既能溶于酸,又能溶于强碱,将其溶于浓氢氧化钠溶液后,得可溶性偏铝酸钠 $NaAlO_2$,再用稀 H_2SO_4 调节 pH,可将之转化为氢氧化铝 $Al(OH)_3$,氢氧化铝可溶于硫酸,生成硫酸铝。硫酸铝能同碱金属硫酸盐,例如 K_2SO_4 ,在水溶液

中结合生成溶解度较小的同晶复盐,即明矾,当溶液冷却时,明矾则以大块晶体结晶出来。整个过程涉及的化学方程式如下:

$$2Al + 2NaOH + 2H_2O \Longrightarrow 2NaAlO_2 + 3H_2 \uparrow$$
$$2NaAlO_2 + H_2SO_4 + 2H_2O \Longrightarrow 2Al(OH)_3 \downarrow + Na_2SO_4$$
$$2Al(OH)_3 + 3H_2SO_4 \Longrightarrow Al_2(SO_4)_3 + 6H_2O$$
$$Al_2(SO_4)_3 + K_2SO_4 + 24H_2O \Longrightarrow 2KAl(SO_4)_2 \cdot 12H_2O$$

2. 铝离子含量测定原理

Al^{3+} 对二甲酚橙指示剂有封闭作用,酸度不够时,Al^{3+} 容易水解。在 pH 为 $3\sim4$ 时,Al^{3+} 与过量的 EDTA 在煮沸时配位反应进行完全。

再调节 pH 值为 $5\sim6$,以二甲酚橙指示剂,用锌标准溶液返滴定剩余 EDTA 至溶液由黄色变为橙色,即为终点。

3. 净水试验原理

明矾在水中可以电离出两种金属离子,其中,Al^{3+} 很容易水解,生成氢氧化铝 $Al(OH)_3$ 胶体:

$$KAl(SO_4)_2 \Longrightarrow K^+ + Al^{3+} + 2SO_4^{2-}$$
$$Al^{3+} + 3H_2O \Longrightarrow Al(OH)_3 + 3H^+$$

氢氧化铝胶体的吸附能力很强,可以吸附水里悬浮的杂质,并形成沉淀,使水澄清。所以,明矾是一种较好的净水剂。

实验步骤

1. 明矾的制备

(1)易拉罐的前处理

自备含铝废旧易拉罐,将易拉罐打磨或灼烧,除去表面油漆并剪碎。

(2)制备偏铝酸钠

称取 1.0 g NaOH 固体,加入 20 mL 水并将之溶于 100 mL 烧杯中。称取 0.5 g 剪碎的易拉罐,在通风橱中加热碱液(反应激烈,防止溅出)时,分批加入碎易拉罐,并不断搅拌至无气泡产生。反应完毕后,趁热吸滤,滤液保留。

(3)氢氧化铝的生成和洗涤

滤液转移至烧杯,在不断搅拌下逐渐加入 3 mol·L^{-1} 的 H$_2$SO$_4$,调节溶液 pH 为 8～9(应充分搅拌后再检验溶液的 pH),此时溶液中生成大量的白色氢氧化铝沉淀。用布氏漏斗抽滤,并洗涤沉淀,直至溶液 pH 为 7～8。

（4）明矾的制备

将沉淀转移至烧杯中,加入 25 mL 水,边搅拌、边滴加 10 mL 3 mol·L^{-1} H$_2$SO$_4$加热使其溶解。将制备的 Al$_2$(SO$_4$)$_3$溶液转移至蒸发皿,加入计算量的 K$_2$SO$_4$固体,加热至完全溶解。水浴蒸发浓缩,至表面出现晶体,自然冷却,待结晶完全后,减压过滤,用 1∶1 的水-乙醇混合溶液洗涤晶体 2～3 次,将晶体用滤纸吸干,称重,计算产率。

2. 净水试验

取浑浊的水样,试验明矾不同投放量的净水效果。

3. 明矾中铝含量测定

准确称取 0.15 g 左右的产品至 250 mL 烧杯中,加 25 mL 水溶解,准确加入 0.015 mol·L^{-1} EDTA 溶液 35.00 mL,加 3 滴二甲酚橙指示剂,滴加 1∶1 NH$_3$·H$_2$O 调至溶液恰呈紫红色,然后滴加 2 滴 1∶1 HCl,将溶液煮沸 3 min,冷却。加入 15 mL 30％六亚甲基四胺溶液,此时溶液呈黄色,用 0.01 mol·L^{-1}锌标准溶液滴定,至溶液由黄色变为橙色,即为终点。根据锌标准溶液所消耗的体积,计算明矾中 Al^{3+} 的百分含量。

注意事项

1. 灼烧易拉罐时要在通风橱中进行。
2. 制得的明矾溶液一定要自然冷却结晶,而不能骤冷。

思考题

1. 本实验是在哪一步中除掉易拉罐中的其他杂质的?
2. 用热水洗涤氢氧化铝沉淀时,除去的是什么离子?
3. 制得的明矾溶液为何采用自然冷却得到结晶,而不采用骤冷的办法?
4. 明矾中铝含量的测定结果,偏低或者偏高的原因有哪些?

安全提示

1. 醋酸具有刺激性气味,应在通风橱中取用;
2. 磁力加热搅拌器的电线避免接触加热盘。

实验目的

1. 了解钴(Ⅱ)、钴(Ⅲ)化合物的性质;

2. 运用已学的无机制备、化学分析的基本知识和基本操作,合成三氯化六氨合钴,并进行组分测定;

3. 复习巩固无机制备、化学分析的基本操作,以及反应条件的控制;

4. 学会用电导法研究配合物的电离类型。

实验原理

在水溶液中,电极反应 $\varphi^{\ominus}(Co^{3+}/Co^{2+}) = 1.84$ V,因此,在一般情况下,Co(Ⅱ)在水溶液中是稳定的,不易被氧化为 Co(Ⅲ);相反,Co(Ⅲ)很不稳定,容易氧化水放出氧气[$\varphi^{\ominus}(Co^{3+}/Co^{2+}) > \varphi^{\ominus}(O_2/H_2O) = 1.229$ V]。但在有氨水存在时,由于形成相应的配合物 $[Co(NH_3)_6]^{2+}$,电极电势 $\varphi^{\ominus}([Co(NH_3)_6]^{3+}/[Co(NH_3)_6]^{2+}) = 0.1$ V,因此 Co(Ⅱ)很容易被氧化为 Co(Ⅲ),得到较稳定的 Co(Ⅲ)配合物。

实验中,采用 H_2O_2 作氧化剂,在大量氨和氯化铵存在下,选择活性炭作为催化剂,将 Co(Ⅱ)氧化为 Co(Ⅲ),来制备三氯化六氨合钴(Ⅲ)配合物,反应式为:

$$2[Co(H_2O)_6]Cl_2 + 10NH_3 + 2NH_4Cl + H_2O_2 \xrightarrow{\text{活性炭}} 2[Co(NH_3)_6]Cl_3 + 14H_2O$$

20℃时,$[Co(NH_3)_6]Cl_3$ 在水中的溶解度为 0.26 mol·L^{-1},利用平衡移动原理,从浓盐酸中结晶出来。

$$[Co(NH_3)_6]Cl_3 \Longrightarrow [Co(NH_3)_6]^{3+} + 3Cl^-$$

钴(Ⅱ)与氯化铵和氨水作用,经氧化后一般可生成三种产物:紫红色的二氯化一氯五氨合钴$[Co(NH_3)_5Cl]Cl_2$晶体、砖红色的三氯化五氨一水合钴$[Co(NH_3)_5H_2O]Cl_3$晶体、橙黄色的三氯化六氨合钴$[Co(NH_3)_6]Cl_3$晶体。控制不同的条件,可得不同的产物。在有活性炭作为催化剂时,主要生成$[Co(NH_3)_6]Cl_3$;在没有活性炭存在时,主要生成$[Co(NH_3)_5Cl]Cl_2$。

氨的测定

配离子非常稳定,只有在沸热的条件下,才被强碱分解。

$$2[Co(NH_3)_6]Cl_3+6NaOH \xrightarrow{煮沸} 2Co(OH)_3\downarrow+12NH_3\uparrow+6NaCl$$

挥发出的氨用过量的盐酸标准液吸收,以甲基红为指示剂,用 NaOH 标准溶液返滴定过量的酸,可计算出氨的百分含量。

钴的测定

在沸热条件下,用强碱分解三氯化六氨合钴,在酸性条件下,用 H_2O_2 将Co(Ⅲ)还原为Co(Ⅱ)。加入过量的 EDTA 标准溶液,以六亚甲基四胺一盐酸为缓冲液,在 pH 为 5~6 的条件下,以二甲酚橙为指示剂,用锌标准溶液滴定过剩的 EDTA,经计算,得到钴的含量。

氯的测定(莫尔法)

在中性溶液中,以 K_2CrO_4 为指示剂,用 $AgNO_3$ 标准溶液滴定 Cl^-,得到氯的含量。

电导法测定电离类型:

对能全部解离的配合物,它的解离类型与摩尔电导率之间有比较简单的关系。例如,对解离为配离子和一价离子的配合物,在 298 K 时,测定稀度为128、256、512、1 024 溶液的摩尔电导率,取其平均值,其实验规律是:如果这个配合物解离为 2 个离子,摩尔电导率约为 $0.010\ 0\ S\cdot m^2\cdot mol^{-1}$;解离为 3 个离子的摩尔电导率为 $0.025\ 0\ S\cdot m^2\cdot mol^{-1}$;解离为 4 个及 5 个离子的,则摩尔电导率分别为 $0.040\ 0\ S\cdot m^2\cdot mol^{-1}$ 和 $0.050\ 0\ S\cdot m^2\cdot mol^{-1}$。

实验规律的另一叙述是在 298 K 时,测定 $1.0\times10^{-3}\ mol\cdot L^{-1}$ 溶液的摩尔电导率,稀水溶液中电离出 2 个、3 个、4 个和 5 个离子的 Λ_m 范围为:

离子数	2	3	4	5
摩尔电导率/ $S \cdot m^2 \cdot mol^{-1}$	0.011 8～0.013 1	0.023 5～0.027 3	0.040 8～0.043 5	0.052 3～0.056 0

实验步骤

1. 三氯化六氨合钴的制备

将 2 g NH_4Cl、3 g 研细的 $CoCl_2 \cdot 6H_2O$ 和 5 mL 水加入锥形瓶中微热溶解。加 0.4 g 活性炭,摇动锥形瓶,使其混合均匀,用流水冷却后,加入 7 mL 浓氨水,再冷至 10℃ 以下,慢慢加入 7 mL 5% H_2O_2 溶液。水浴加热至 60℃,恒温 20 min,并不断旋摇锥形瓶。用冰浴冷却至 0℃ 左右,吸滤。把沉淀溶于含有 1 mL 浓 HCl 的 25 mL 沸水中,趁热吸滤。滤液中慢慢加入 4 mL 浓 HCl,即有大量橘黄色晶体析出,用冰水浴冷却后,过滤。晶体以少量冷的 2 mol·L^{-1} HCl 溶液洗涤、再用少许乙醇洗涤,抽干。晶体在水浴上干燥,或在烘箱中于 105℃ 烘 20 min。称量,计算产率。

2. 三氯化六氨合钴(Ⅲ)组成的测定

(1) 氨的测定:准确称取 0.2 g 左右的试样,放入 250 mL 锥形瓶中,加 80 mL 水溶解,然后加入 10 mL 10% NaOH 溶液。在另一锥形瓶中,准确加入 30～35 mL 0.5 mol·L^{-1} HCl 标准溶液,放入冰浴中冷却。

按图 8-1 装配仪器,从漏斗处加 3～5 mL 10% NaOH 溶液于小试管中,漏斗颈下端插入液面约 2～3 cm。加热试样液,开始可用大火,当溶液近沸时改用小火,保持微沸状态,蒸馏 1 h 左右,即可将溶液中的氨全部蒸出。蒸馏完毕,取出插入 HCl 溶液中的导管,用纯水冲洗导管内外(洗涤液流入氨吸收瓶中)。取出吸收瓶,加 2 滴 0.1% 甲基红溶液,用 0.5 mol·L^{-1} NaOH 标准溶液滴定过剩的 HCl,计算氨的含量。

(2) 钴的测定:准确称取 0.17～0.22 g 试样两份,分别加 20 mL 水溶解,再加入

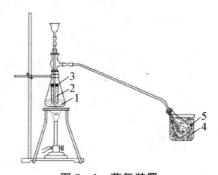

图 8-1　蒸氨装置

1—试样液;2—10% NaOH 溶液;
3—切口橡皮塞;4—冰浴;
5—标准 HCl 溶液

3 mL 10% NaOH 溶液。加热,有棕黑色沉淀产生,沸后小火加热 10 min,使试样完全分解。稍冷后,加入 3.5～4 mL 6 mol·L^{-1} HCl 溶液,滴加 1～2 滴 30% H$_2$O$_2$,加热至棕黑色沉淀全部溶解,溶液成透明的浅红色,继续加热赶尽 H$_2$O$_2$。冷却后,准确加入 35～40 mL 0.05 mol·L^{-1} EDTA 标准溶液,加入 20 mL 30%六亚甲基四胺溶液,仔细调节溶液的 pH 为 5～6,加 2～3 滴 0.2% 二甲酚橙,用 0.05 mol·L^{-1} ZnCl$_2$标准溶液滴定,当试样溶液由橙色变为紫红色,即为终点。计算钴的含量。

(3) 氯的测定

① AgNO$_3$溶液的浓度约为 0.1 mol·L^{-1},计算滴定所需的试样量。

② 准确称取试样两份,分别加 25 mL 水,配制成试样液。

③ 加 1 mL 5%的 K$_2$CrO$_4$ 溶液为指示剂,用 0.1 mol·L^{-1} AgNO$_3$标准溶液滴定至出现淡红棕色不再消失,即为终点。

④ 由滴定数据,计算氯的含量。

由以上结果,分析氨、钴、氯的含量,写出产品的实验式。

3. 三氯化六氨合钴解离类型的测定

(1) 配制 100 mL 1.0×10^{-3} mol·L^{-1}[Co(NH$_3$)$_6$]Cl$_3$溶液,用梅特勒 EL30 型电导率仪测定 298 K 时溶液的电导率 κ。

(2) 确定解离类型

按公式 $\Lambda_m = \kappa/c$ 计算 [Co(NH$_3$)$_6$]Cl$_3$的摩尔电导率 Λ_m,根据 Λ_m 的数值范围确定其离子数,确定配离子的电荷数、[Co(NH$_3$)$_6$]Cl$_3$的解离类型。

注意事项

1. 制备过程中,第一次过滤后的沉淀不能直接溶于纯水,纯水中要加入一定量的浓 HCl。

2. 趁热过滤要快,另外加热时间不能过长,否则,过滤除去活性炭时会有晶体析出,此时可滴加热水于漏斗中,将晶体溶解。

3. 产品可用乙醇多洗几次,便于烘干。

4. 蒸氨时,不能过于剧烈地沸腾,否则可能会有反应物从支管冲出。

思考题

1. 在[Co(NH$_3$)$_6$]Cl$_3$的制备过程中,氯化铵、活性炭、过氧化氢各起什么作用?影响产品产量的关键在哪里?

2. [Co(NH$_3$)$_6$]$^{3+}$ 与[Co(NH$_3$)$_6$]$^{2+}$ 比较,哪个稳定,为什么?

3. 氨的测定原理是什么? 氨测定装置中,漏斗下端插入氢氧化钠液面下以及橡皮塞切口的原因是什么?

4. 测定钴含量时,试样液中加入 10％氢氧化钠,加热后产生棕黑色沉淀,这是什么化合物? 加入 6 mol·L⁻¹盐酸、30％过氧化氢,加热至溶液呈浅红色,这是什么化合物? 用什么方法测定钴含量? 为什么要用 30％六亚甲基四胺将溶液的 pH 调至 5～6?

5. 氯的测定原理是什么? CrO_4^{2-}浓度、溶液的酸度对分析结果有何影响,合适的条件是什么?

6. 如何测定[$Co(NH_3)_6$]Cl_3的解离类型?

📖 8.7 Stober 法制备 SiO₂ 微球及其粒度分析

氨水易挥发,对眼、鼻、皮肤有刺激性和腐蚀性,戴好防护设备(护目镜、手套、口罩),在通风橱中取用。

实验目的

1. 了解 Stober 法制备 SiO₂ 微球的方法;
2. 掌握测量粉体粒度分布的测试方法和操作的注意事项。

实验原理

SiO₂ 微球的应用,从初期的硅酸盐产品的原料、聚合物增强用的结构材料,延伸到高新技术领域,例如用作低功率微激光器的光放大器、用于制备三维结构的光子晶体、用作高性能色谱分析的柱填充材料等,SiO₂ 微球在新材料制备中的应用,显示出非常诱人的广阔前景。1968 年,W. Stober 系统地研究了酯—醇—水—碱体系中,各组分的浓度对 SiO₂ 微球合成速度、颗粒大小及分布的影响,成功地制得了粒径为 $0.05 \sim 2 \, \mu m$ 的 SiO₂ 微球。其主要反应过程为:

硅醇盐水解:

$$Si(OR)_4 + 4H_2O \longrightarrow Si(OH)_4 + 4ROH \quad (R \text{ 代表烷基}) \tag{1}$$

硅酸缩聚:

$$\equiv Si—OH + HO—Si \equiv \longrightarrow \equiv Si—O—Si \equiv + H_2O \tag{2}$$

反应最初阶段,生成肉眼看不见的硅酸,$1 \sim 5 \, min$ 后,过饱和的硅酸聚合,溶液即出现乳白色混浊,$15 \, min$ 后,颗粒即可达最终尺寸。实验证实,醇和酯的种类均影响反应速度:采用甲醇及硅酸甲酯时,反应最快,SiO₂ 微球颗粒较小,增大水和氨浓度均有利于获得大颗粒 SiO₂ 微球。此外,氨不仅是正硅酸乙酯水解反应的催化剂,还是 SiO₂ 颗粒的形貌调控剂,不加氨时,不能生成 SiO₂ 微球。上述结果为制备单分散 SiO₂ 微球奠定了实验基础,迄今仍被广泛采用,被称之为 Stober 工艺。

实验步骤

根据目前国内外制备"用于胶体组装光子晶体的亚微米二氧化硅微球"的工艺方法，实验中采取统一配方：$c[TEOS]=0.12$ mol·L^{-1}，$c[NH_3]=0.90$ mol·L^{-1}，$c[H_2O]=2.40$ mol·L^{-1}，$c[C_2H_5OH]=15.0$ mol·L^{-1}（$NH_3·H_2O$ 中的水分子，计入去离子水的浓度，假设溶液总体积等于反应物各组分体积之和。）

1. 准确移取 3 mL 正硅酸乙酯于 50 mL 烧杯中，加入 20 mL 无水乙醇，磁力搅拌 5～10 min。

2. 另取 50 mL 烧杯，加入 6 mL 浓氨水和 30 mL 无水乙醇，磁力搅拌 5～10 min。

3. 将步骤 1 中所得溶液缓慢加入步骤 2 所得溶液中，澄清溶液逐渐变为浑浊的胶体溶液，停止滴加后，继续搅拌反应 60 min。

4. 将所得胶体溶液滴于普通载玻片上，可生长出一层晶体膜。在数码生物显微镜下观察微球的形貌特点，可看到细小的 SiO_2 微球颗粒，拍下照片存档。

5. 取适量胶体溶液，在无水乙醇中超声波震荡 5 min，通过粒度分布仪测得微球颗粒平均直径。

实验结果和处理

1. 生物显微镜下观察 SiO_2 微球颗粒，选取粒度分布较均匀处拍下照片。

2. 利用粒度分布仪测得微球颗粒平均直径，并对图谱及所得数据进行分析。

思考题

能不能在酸性条件下制备微球？试验表明，在许多含醇的碱性体系中（较之在无醇的酸性条件下）获得的 SiO_2 微球的粒径要小，试分析原因。

参考文献

[1] 刘世权,王立民,刘福田,蒋民华.SiO_2 微球的制备与应用,功能材料,2004,1(35),11-13.

[2] 方俊,王秀峰,程冰,杨万莉.组装胶体晶体用单分散二氧化硅颗粒的制备,无机盐工业,2007,3(39),37-39.

[3] 段涛,彭同江,马国华.二氧化硅微球的制备与形成机理,中国粉体技术,2007,3,7-10.

📖 8.8 溶胶凝胶法制备 TiO_2 纳米粉体

实验目的

1. 了解 TiO_2 纳米材料的制备方法;

2. 掌握用溶胶凝胶法制备 TiO_2 纳米材料的原理和过程;

3. 综合运用水解反应理论和胶体理论,提高实验思维与实验技能。

实验原理

纳米粉体,指颗粒粒径介于 $1 \sim 100$ nm 之间的粒子。由于颗粒尺寸的微细化,使得纳米粉体在保持原物理化学性质的同时,(与块状材料相比)在磁性、光吸收、热阻、化学活性、催化和熔点等方面表现出奇异的性能。

纳米 TiO_2 具有许多独特的性质,例如良好的耐酸性、耐腐蚀性、抗紫外线能力,透明性优异、粒度分布均匀、分散性能好等。利用纳米 TiO_2 作光催化剂,可处理有机废水;利用其透明性和散射紫外线的能力,可作食品包装材料、木器保护漆、人造纤维添加剂、化妆品防晒霜等;利用其光电导性和光敏性,可开发 TiO_2 感光材料。

目前合成纳米二氧化钛粉体的方法,主要有液相法和气相法。由于溶胶-凝胶法可以在低温下制备高纯度、粒径分布均匀、化学活性大的单组分或多组分分子级纳米催化剂,因此本实验采用溶胶-凝胶法来制备纳米 TiO_2。

溶胶-凝胶法,是用含高化学活性组分的化合物作前驱体,在液相下将这些原料均匀混合,并进行水解、缩合化学反应,在溶液中形成稳定的透明溶胶体系后,溶胶经陈化、胶粒间缓慢聚合,形成三维网络结构的凝胶,凝胶经过干燥、烧结固化,制备出分子乃至纳米亚结构的材料。

溶胶-凝胶法制备纳米 TiO_2,是以钛酸正丁酯$[Ti(OC_4H_9)_4]$为前驱物,无水乙醇(C_2H_5OH)为溶剂,冰醋酸(CH_3COOH)为螯合剂。由于前驱体钛酸四丁酯的反应活性高、易产生沉淀,因此加入冰醋酸调节体系的酸度,防止钛离子过快水解。$[Ti(OC_4H_9)_4]$在 C_2H_5OH 中水解生成 $Ti(OH)_4$,脱水后即可获得 TiO_2。在后续的热处理过程中,只要控制适当的温度条件和反应时间,就可以获得金红石型和锐钛型二氧化钛。

钛酸四丁酯在酸性条件下,在乙醇介质中的水解反应是分步进行的,总水解反应表示为下式,水解产物为含钛离子溶胶。

$$Ti(O-C_4H_9)_4+4H_2O \longrightarrow Ti(OH)_4+4C_4H_9OH \tag{1}$$

一般认为,在含钛离子溶液中钛离子通常与其他离子相互作用形成复杂的网状基团。上述溶胶体系静置一段时间后,由于发生胶凝作用,最后形成稳定凝胶。

$$Ti(OH)_4+Ti(O-C_4H_9)_4 \longrightarrow 2TiO_2+4C_4H_9OH \tag{2}$$

$$Ti(OH)_4+Ti(OH)_4 \longrightarrow 2TiO_2+4H_2O \tag{3}$$

实验步骤

1. TiO_2 粉体的制备

室温下量取 10 mL 钛酸丁酯,缓慢滴入 35 mL 无水乙醇中,用磁力搅拌器强力搅拌 10 min,混合均匀,形成黄色澄清溶液 A。将 4 mL 冰醋酸和 10 mL 蒸馏水加到 35 mL 无水乙醇中,剧烈搅拌,得到溶液 B,滴入 1~2 滴盐酸,调节 pH≤3。室温下,在剧烈搅拌下将溶液 A 缓慢滴入溶液 B 中(此处可用恒压漏斗滴加或滴管直接滴加),滴速大约 3 mL/min,滴加完毕后,得浅黄色溶液。继续搅拌30 min 后,置于 50 ℃水浴加热,1 h 后得到白色凝胶(倾斜烧瓶,凝胶不流动)。在80 ℃下烘干,大约 20 h(烘干过夜),得黄色晶体,研磨,得到淡黄色 TiO_2 粉末。在不同的温度下(300 ℃,400 ℃,500 ℃,600 ℃)热处理 2 h,得到纯白色 TiO_2 粉体。

2. 纳米材料的晶型和结构

TiO_2 纳米材料的晶型和结构采用 χ-射线衍射仪表征,应用谢乐公式计算

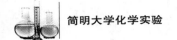

TiO_2的平均晶粒尺寸:

$$D = 0.89\lambda/\beta\cos\theta \qquad (1)$$

式中,D 为样品的平均晶粒尺寸,λ 为射线波长,β 为半峰高宽度,θ 是衍射角。TiO_2结构中,金红石型所占比例可利用下述公式计算:

$$X_R = (1 + 0.8I_A/I_R)^{-1} \qquad (2)$$

式中,X_R 为金红石型结构所占比例,I_A 为锐钛矿型 TiO_2 的[101]衍射峰的强度,I_R 为金红石型 TiO_2 的[110]衍射峰的强度。

TiO_2纳米材料表面形貌通过扫描电子显微镜观察。

3. 光催化活性评价

在 200 mL 20 mg·L^{-1}甲基橙溶液中,加入 0.05 g 纳米 TiO_2粉体,磁力搅拌,紫外灯(290 nm)从上方辐照,进行降解反应。每隔 30 min,取样 10 mL,离心分离,取上层清液,用分光光度计在 464 nm 处测其吸光度。对照甲基橙标准曲线,即可得到不同时间的甲基橙质量浓度。降解率为:

$$\eta = \frac{\rho_0 - \rho_t}{\rho_0} \times 100\% \qquad (3)$$

式中,ρ_0 是甲基橙初始质量浓度(mg·L^{-1}),ρ_t 为 t 时刻甲基橙质量浓度(mg·L^{-1})。

注意事项

所有仪器必须干燥。滴加溶液同时剧烈搅拌,防止溶胶形成过程中产生沉淀。

实验结果和处理

1. 理论产量:_____g;实际产量 _____g;产率:_____%。
2. 光催化性能结果

降解时间/min	30	60	90	120
降解率/%				

3. 纳米 TiO_2的晶型和结构
(1) XRD 物相分析结果

（2）TEM 检测样品的形貌及粒径

思考题

1. 为什么所用仪器必须干燥？

2. 加入冰醋酸的作用是什么？

3. 为何实验中选用钛酸正丁酯 $[Ti(OC_4H_9)_4]$ 为前驱物，而不选用四氯化钛 $TiCl_4$ 为前驱物？

4. 简述 TiO_2 作为光催化剂降解废水的原理？

参考文献

1. 张立德，牟季美.纳米材料和纳米结构[M]. 北京：科学出版社，2001.

2. HARIZANOV O, IVANOVA T, HARIZANOVA A. Study of sol-gel TiO_2 and $TiO_2 - MnO$ obtained from a peptized solution [J]. *Materials Letters*, 2001, 49（3 - 4）：165 - 171.

3. 潘春旭.材料物理与化学实验教程[M].中南大学出版社，2008.

8.9 茶叶中咖啡因的提取

实验目的

　　1. 学习从茶叶中提取咖啡因的基本原理和方法，了解咖啡因的一般性质；

　　2. 掌握用索氏提取器提取有机物的原理和方法；

　　3. 学习萃取、蒸馏、升华等基本操作。

基本操作

索氏（Soxhlet）提取器

　　索氏提取器，由烧瓶、提取筒、回流冷凝管 3 部分组成，装置如图 8-2 所示。索氏提取器是利用溶剂的回流及虹吸原理，使固体物质每次都被纯的热溶剂所萃取，减少了溶剂用量，缩短了提取时间，因而效率较高。萃取前，应先将固体物质研细，以增加溶剂浸溶面积。然后，将研细的固体物质装入滤纸筒内，再置于抽提筒，烧瓶内盛溶液，并与抽提筒相连，抽提筒索式提取器上端接冷凝管。溶剂受热沸腾时，其蒸气沿抽提筒侧管上升至冷凝管，冷凝为液体，滴入滤纸筒中，并浸泡筒中样品。当液面超过虹吸管最高处时，随即虹吸流回烧瓶，从而萃取出溶于溶剂的部分物质。如此多次重复，把需要提取的物质富集于烧瓶内。提取液经浓缩、除去溶剂后，即得产物。必要时，可用其他方法进一步纯化。

实验原理

　　咖啡因又叫咖啡碱，是一种生物碱，存在于茶叶、咖啡、可可等植物中。例如，茶叶中含有 $1\% \sim 5\%$ 的咖啡因，同时还含有单宁酸、色素、纤维素等物质。

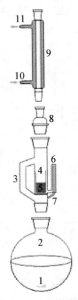

图 8-2　索氏提取器

　　1—搅拌子；2—烧瓶；3—蒸汽路径；4—套管；5—固体；6—虹吸管；7—虹吸出口；8—转接头；9—冷凝管；10—冷却水入口；11—冷却水出口

咖啡因是弱碱性化合物,能溶于水、乙醇、丙酮、氯仿等,微溶于石油醚。纯品熔点 235～236 ℃,含结晶水的咖啡因为无色针状晶体,在 100 ℃时失去结晶水,并开始升华,120 ℃时显著升华,178 ℃时迅速升华。利用这一性质可纯化咖啡因。咖啡因的结构式为:

$$H_3C-N \quad O \quad CH_3 \quad N \quad N$$

咖啡因(1,3,7-三甲基-2,6-二氧嘌呤)

提取咖啡因的方法,包括碱液提取法和索氏提取器提取法。本实验以乙醇为溶剂,用索氏提取器提取,再经浓缩、中和、升华,得到含结晶水的咖啡因。工业上,咖啡因主要是通过人工合成制得。因为咖啡因具有刺激心脏、兴奋大脑神经和利尿等作用,故可以作为中枢神经兴奋药,也是复方阿司匹林等药物的组分之一。

实验步骤

1. 咖啡因的提取

称取 5 g 干茶叶,装入滤纸筒内,轻轻压实,滤纸筒上口塞一团脱脂棉,置于抽提筒中,圆底烧瓶内加入 60～80 mL 95％乙醇,加热乙醇至沸,连续抽提 1 h,待(最后一次)冷凝液刚刚虹吸下去时,立即停止加热。

将仪器改装成蒸馏装置,加热回收大部分乙醇。然后,将残留液(约 10～15 mL)倾入蒸发皿中,烧瓶用少量乙醇洗涤,洗涤液也倒入蒸发皿中,蒸发至近干。加入 4 g 生石灰粉,搅拌均匀,用电热套加热(100～120 ℃),蒸发至干,以除去全部水分。冷却后,擦去沾在边上的粉末,以免升华时污染产物。

将一张刺有许多小孔的圆形滤纸盖在蒸发皿上,取一只大小合适的玻璃漏斗罩于其上,漏斗颈部疏松地塞一团棉花。用电热套小心加热蒸发皿,慢慢升高温度,使咖啡因升华。咖啡因蒸气通过滤纸孔,遇到漏斗内壁凝为固体,附着于漏斗内壁和滤纸上。当纸上出现白色针状晶体时,暂停加热,冷至 100 ℃左右,揭开漏斗和滤纸,仔细用小刀把附着于滤纸及漏斗壁上的咖啡因刮入表面皿中。将蒸发皿内的残渣加以搅拌,重新放好滤纸和漏斗,用较高的温度再加热升华一次。此时,温度也不宜太高,否则蒸发皿内大量冒烟,产品既受污染又遭损失。合并两次升华所收集的咖啡因,测定熔点。

2. 咖啡因的鉴定

(1) 与生物碱试剂

取一半的咖啡因晶体于小试管中,加 4 mL 水,微热,使固体溶解。分装溶液于 2 支试管中,一支加入 1~2 滴 5％鞣酸溶液,记录现象;另一支加 1~2 滴 10％盐酸(或 10％硫酸),再加入 1~2 滴碘—碘化钾试剂,记录现象。

(2) 氧化

在表面皿剩余的咖啡因中,加入 8~10 滴 30％ H_2O_2,置于水浴上蒸干,记录残渣颜色。再加一滴浓氨水于残渣上,观察并记录颜色变化。

注意事项

(1) 滤纸筒的直径要略小于抽提筒的内径,其高度一般要超过虹吸管,但是样品不得高于虹吸管。如无现成的滤纸筒,可自行制作。方法为:取脱脂滤纸一张,卷成圆筒状(其直径略小于抽提筒内径),底部折起而封闭(必要时可用线扎紧),装入样品,上口盖脱脂棉,以保证回流液均匀地浸透被萃取物。

(2) 提取过程中,生石灰起到中和及吸水作用。

(3) 索式提取器的虹吸管极易折断,搭建装置和取拿时,必须特别小心。

(4) 如烧瓶里有少量水分,则在升华开始时将产生一些烟雾,污染器皿和产品。

(5) 蒸发皿上覆盖刺有小孔的滤纸,是为了避免已升华的咖啡因回落入蒸发皿中,纸上的小孔应保证蒸气通过。漏斗颈塞棉花,为防止咖啡因蒸气逸出。

(6) 在升华过程中,必须始终严格控制加热温度,温度太高,将导致被烘物和滤纸炭化,一些有色物质也会被带出来,影响产品的质和量。进行再升华时,加热温度亦应严格控制。

思考题

1. 本实验成败的关键是什么?

2. 为什么要将固体物质(茶叶)研细成粉末?

3. 为什么要放置一团脱脂棉?

4. 生石灰的作用是什么？

5. 为什么必须除净水分？

6. 升华装置中,为什么要在蒸发皿上覆盖刺有小孔的滤纸？漏斗颈为什么塞棉花？

7. 升华过程中,为什么必须严格控制温度？

第九章 研究式实验

📖 9.1 研究式实验的思路与要求

1. 设计实验

（1）查阅资料，收集合成与分析方法

根据指定的研究课题，查阅有关资料，如合成方法可查教科书、无机合成类参考书；所需的数据可查化学物理类手册、本书的附录；成熟的分析方法可查教科书、分析化学手册、中华人民共和国国家标准、中华人民共和国石油化学工业部部颁标准等。此外，还可利用网络资源，查找相关资料。

（2）拟定、书写方案

在收集资料的基础上，经分析、比较后拟定出合适的实验方案，并按实验目的、原理、试剂（注明规格、浓度、配制方法）、仪器、步骤、有关计算、分析方法的误差来源及采取的措施、参考文献等项书写成文。

（3）审核

设计方案经教师审阅后，只要方法合理，实验条件具备，可按自己的设计方案进行实验。如条件不具备或设计不合理、不完善，指导教师会告知，请做修改或重新设计，再交教师审阅。

2. 独立完成实验

（1）实验用试剂均由自己配制。

（2）以规范、熟练的基本操作、良好的实验素养进行实验。

（3）实验中需要仔细观察、及时记录（包括实验现象、试剂用量、反应条件、测试数据等）、认真思考。如在实验中发现原设计不完善或出现新问题，应设法改进或解决，以获得满意的结果。

（4）完成实验报告，对设计的实验方法进行总结。

3. 成本核算

根据原料用量、制备过程中的试剂用量与产量,对产品进行成本核算。

4. 交流与总结

在实验室范围内介绍各自的实验情况,在交流总结的基础上,了解采用不同的制备方案,在反应条件、流程、仪器设备、能源消耗、环境污染、产率、质量、成本上的差异,从而得出最佳生产流程;了解采用不同的分析方案,在取量、反应条件、误差来源及消除、分析结果准确性上的差异,得出最佳分析方法。

5. 写出小论文

请参照研究论文发表的要求格式书写,它由以下几部分组成:
(1) 论文题目　应简明、确切。
(2) 摘要　包括研究目的、方法、结果、结论四方面,但侧重后两方面。
(3) 关键词　是为了文献索引和检索时选定的、能反映稿件主体内容的词或词组,一般为 3~4 个。
(4) 前言(或引言)　叙述研究的问题与意义。
(5) 实验部分(或材料与方法)　主要仪器、试剂及其配制、实验方法。
(6) 结果与讨论　研究的结果,并根据结果进行讨论得出结论。
(7) 结论(或小结)　简明、扼要地总结研究成果。
(8) 参考文献。

📖 9.2 设计研究式实验的指导

为了指导研究式实验的设计,现举实例予以说明。

例1 碱式碳酸铜的制备

预习

查阅资料以获得下列信息:

1. 碱式碳酸铜的制备方法。
2. 合成原料的化学性质、溶解度数据。
3. 碱式碳酸铜的性质、含量分析方法。

设计实验

1. 拟订方案的思路

(1) 选择制备方法 从资料获知,既可用固相反应[1],也可用水溶液中的反应制备碱式碳酸铜[2]。在水溶液中,又可用碳酸盐(铵盐、钠盐的正盐或酸式盐)为原料,与可溶性铜盐进行反应来制备。考虑在水溶液中进行反应的影响因素较多,可以进行反应条件的探讨。其次,碳酸钠的溶解度大,热稳定性高。所以,选择碳酸钠、硫酸铜溶液为原料制备碱式碳酸铜。

(2) 选择需试验的反应条件 因反应条件影响产物的组成、质量与反应物的沉降时间,故寻找最佳反应条件是本实验的关键。这里的反应条件是指反应物浓度、两者的比例、反应温度、反应液的 pH。当选择了碳酸钠为原料,溶液的 pH 则基本确定(工业生产中,控制 pH = 8)。若选反应物浓度为 $0.5 \text{ mol} \cdot \text{L}^{-1}$,条件试验的任务就是寻找反应物的最佳比例,反应的最佳温度。

(3) 进一步试验的内容 如有实验时间,还可进行其他试验:探求反应物的最佳浓度、最佳碳酸盐(同浓度的碳酸钠、碳酸氢钠、碳酸铵、碳酸氢铵溶液中,$[CO_3^{2-}]$、$[OH^-]$ 不同;作为夹杂在沉淀中的 NH_4^+,在受热时易被除去),用不同的可溶性铜盐或者在固相中进行反应。

（4）确定分析方法　铜的分析方法有碘量法、配位滴定法，根据《中华人民共和国石油化工部部颁标准》，用配位滴定法。

2. 书写设计方案

碱式碳酸铜的制备

实验目的

1. 通过寻求制备碱式碳酸铜的最佳反应条件，学习如何确定实验条件；尝试用已获得的知识和技术解决实际问题。
2. 熟悉铜盐、碳酸盐的性质。

实验原理

由于 CO_3^{2-} 的水解作用，碳酸钠的溶液呈碱性，而且铜的碳酸盐溶解度与氢氧化物的溶解度相近，所以当碳酸钠与硫酸铜溶液反应时，所得的产物是碱式碳酸铜[3]：

$$2CuSO_4 + 2Na_2CO_3 + H_2O =\!=\!= Cu(OH)_2 \cdot CuCO_3 \downarrow + CO_2 \uparrow + 2Na_2SO_4$$

碱式碳酸铜按 $CuO : CO_2 : H_2O$ 的比例不同而异，反应中形成 $2CuCO_3 \cdot Cu(OH)_2$ 时，为孔雀蓝碱式盐；形成 $CuCO_3 \cdot Cu(OH)_2$ 时，为孔雀绿碱式盐；而形成结晶状的产品时，则为 $CuCO_3 \cdot Cu(OH)_2 \cdot xH_2O$。工业产品含 CuO 71.90%，也可在 66.16%～78.16% 的范围之内，为孔雀绿色[2]。因此，反应物的比例关系对产物的组成以及产物的沉降时间都有影响。

反应温度直接影响产物粒子的大小，为了得到大颗粒沉淀，沉淀反应应在一定的温度下进行，但当反应温度过高时，会有黑色氧化铜生成[2]，使产品不纯，制备失败。

以配位滴定法（pH=10 的缓冲溶液，紫脲酸胺为指示剂）测定铜含量。

试剂

碳酸钠（CP）、硫酸铜（CP）、EDTA、氨-氯化铵缓冲溶液、紫脲酸铵指示剂。

仪器

20 mL 试管 8 支（附试管架）、烧杯（250 mL 3 只、400 mL 1 只）、布氏漏

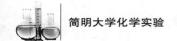

斗、吸滤瓶、滴定管、分析天平。

实验

1. 实验条件的探求

（1）$CuSO_4$ 和 Na_2CO_3 的比例关系

取试管 8 支,分成两列。分别取 2 mL 0.5 mol·L^{-1} $CuSO_4$溶液置于其中 4 支管内,另外 4 支管内分别放 1.6 mL、2.0 mL、2.4 mL、2.8 mL 0.5 mol·L^{-1} Na_2CO_3溶液。将各管放在水浴内,并加热水浴至沸。然后依次把 $CuSO_4$ 溶液倒入 Na_2CO_3 溶液中,振荡。观察并记录各管生成沉淀的情况,由实验结果得出在何种比例时,沉淀转变速率最快,溶液中 Cu^{2+} 浓度最小。

（2）温度对晶体生成的影响

取试管 8 支,分成两列。在其中 4 支管内各加 2 mL 0.5 mol·L^{-1} $CuSO_4$溶液。由实验（1）得出的最佳比例关系,确定 0.5 mol·L^{-1} Na_2CO_3 溶液的体积后,各加若干毫升 0.5 mol·L^{-1} Na_2CO_3溶液在其余 4 支管内。实验温度分别为室温、323 K、348 K、373 K。每次从两列试管中各取一支管,将 $CuSO_4$ 溶液倒入 Na_2CO_3 溶液中,振荡。观察沉淀的生成及其转变的快慢、沉淀的颜色,由实验结果得出最佳的实验温度。

2. 碱式碳酸铜的制备

分别配制 100 mL 0.5 mol·L^{-1} $CuSO_4$溶液、0.5 mol·L^{-1} Na_2CO_3溶液,如溶液不清则需过滤。

根据最佳比例和最佳温度,将两种溶液混合制备碱式碳酸铜。观察沉淀颜色、体积等的变化。沉淀下沉后,用倾滗法洗涤沉淀数次,吸滤,并用少量冷水洗涤至洗涤液内不含 SO_4^{2-} 为止。将所得产品放烘箱内烘干,称量,计算产率。

3. 产品 Cu 含量 $w(Cu)$ 的分析（略）

有关计算

1. 溶液的配制（略）。

2. 理论产量（略）。

参考文献

[1] 卡尔雅金.无机化学试剂手册[M].化工部图书编辑室译.北京:化学工业出版社,1964.

[2] 天津化工研究院.无机盐工业手册[M]上、下册.2版.北京:化学工业出版社,1996.

[3] 严宣申,王长富.普通无机化学[M].2版.北京:北京大学出版社,1999.

例2 回收废电池中锰制备碳酸锰

预习

1. 查阅资料,了解电池组成与主要成分。

2. 查阅碳酸锰的制备方法。

3. 了解 Mn(Ⅱ)、Mn(Ⅳ)化合物的性质。

4. 查有关 Mn(Ⅱ)盐的溶解度数据。

5. 查《中华人民共和国石油化学工业部部颁标准》,了解碳酸锰的分析方法。

6. 了解从废电池中回收锰的方法。

设计实验

1. 拟订方案

(1)选择制备方法 电池经预处理后,得到粗二氧化锰。在收集资料的基础上,列出从二氧化锰制备碳酸锰的各种方法。

在选择最佳方案时,应考虑的问题有:

① 原料与所需试剂的规格、价格、来源。

② 反应条件苛刻与否,如对温度、催化剂、酸度、溶剂等的要求。

③ 对设备的要求。

④ 对环境的污染程度。

⑤ 生产流程的长短、能源消耗。

⑥ 产率与产品的纯度。

(2)理论计算(以 5 g 粗二氧化锰为原料)

① 原料及试剂的用量。

② 当反应在水溶液中进行时,以简单体系中物质的溶解度为依据,粗略计算试剂的浓度或溶液的总体积应是多少?

③ 理论产量。

（3）中间控制指标的考虑

① 溶液的酸、碱度。

② 反应温度。

③ 沉淀反应的条件。

④ 除杂的要求，杂质除尽与否的判断。

⑤ 蒸发、浓缩的程度。

（4）分析方法　根据《中华人民共和国石油化学工业部部颁标准》，用配位滴定法分析锰含量。

2. 书写设计方案

将拟定好的方案，按设计实验的栏目要求书写成文，交指导老师审阅。

例3　纳米氧化锌的制备

预习

查阅文献以获得以下信息：

1. 纳米材料的相关背景知识，如纳米材料性质与常规块体材料的差异、制备方法的特殊性等。

2. 常用的纳米材料的制备方法。

3. 氧化锌制备的相关反应。

4. 了解常用锌盐、沉淀剂、表面活性剂的主要性质。

5. 了解常用的纳米材料表征手段（X 射线衍射分析、透射电子显微镜、扫描电子显微镜、紫外可见吸收光谱、室温荧光光谱等）以及用这些表征手段能够获取何种信息。

设计实验

1. 拟订方案

（1）选择制备方法　纳米材料有多种制备方法，如热解法、化学沉淀法、水热（溶剂热）法、固相法、溶胶凝胶法、模板法、气相沉积法、电沉积法等。在这里我们推荐选择化学沉淀法，有助于同学们把所学理论知识应用到实验设计中来。

在查阅文献的基础上，提出制备方案，选择方案时要考虑以下方面的内容：

① 选择何种锌盐和沉淀剂，二者投料比为多少。

② 是否需要使用表面活性剂？如果用，则选用何种表面活性剂，用量如何。

③ 准备研究哪些影响产物形貌的因素？设计时可以固定其他条件，只研究某一个因素的影响，不要铺得太开。

④ 是否要进行焙烧，焙烧的温度选择可以根据文献值来初步确定。

⑤ 准备对产物进行哪些性质研究，做这些研究是为了获得哪些信息。

⑥ 实验过程是否对环境友好。

（2）理论计算 原料及试剂的用量（锌盐的用量小于 0.01 mol，试剂的用量可以依据文献进行估算）。

（3）产品纯度分析

① 根据 X 射线衍射结果初步确定产物的纯度。

② 利用配位滴定法测定产物氧化锌中锌的含量，以二甲酚橙作指示剂。

（4）形貌研究

① 利用 Sherrer 公式估算产物氧化锌的平均晶粒尺寸。

② 通过透射电子显微镜、扫描电子显微镜观察产物粒径及形貌，记录试样的主要形貌及粒径大小等信息，把观测到的粒径与上述计算结果进行对比。

（5）性质表征

① 对产物氧化锌进行固体紫外漫反射光谱测试，从光谱的吸收计算氧化锌的能隙（Eg），与块体氧化锌（Eg＝3.1 eV）进行对比，研究产物的量子效应。

② 对产物氧化锌进行室温荧光光谱测试，从谱峰的对应信息中获取试样是否存在晶体缺陷等相关信息。

③ 称取一定量氧化锌对有机污染物（以 1.0×10^{-4} mol·L^{-1} 甲基橙水溶液代替）进行光催化降解。取甲基橙溶液 100 mL 于 250 mL 烧杯中，加入 50 mg 制备的氧化锌后在暗处磁力搅拌 30 min，使之达到吸附平衡，取 5 mL 溶液置于小试管中离心除去氧化锌，吸取清液放入 1 cm 比色皿中测定吸光度 A_0（此吸光度对应于 C_0），测试波长 $\lambda＝520$ nm，然后将此装置放在太阳光下开始计时进行光催化反应（持续搅拌），每隔 15 min 用滴管吸取 5 mL 试样，同样离心、测定吸光度 A_i（对应于 C_i），光催化反应 2 h 后停止实验，以 C_i/C_0 为纵坐标、反应时间为横坐标作图，从中研究所制备氧化锌的光催化性质。

2. 书写设计方案

将拟定好的方案，按照设计实验的栏目要求书写成文，交指导老师审阅。

9.3 研究式实验的推荐课题

1. 从氧化锌制备硫酸锌。
2. 碱式碳酸铜的制备。
3. 纳米氧化锌的制备。
4. 回收废电池中的锰制备碳酸锰。
5. 含铬废液的处理。
6. 含 Ag 废液或废渣中 Ag 的回收及分析。
7. 铜-锌混合液中各组分含量的测定$(g \cdot L^{-1})$。
8. 酸牛奶的酸度和钙含量的测定$(g \cdot L^{-1})$。
9. 蛋壳中钙、镁含量的测定$(g \cdot L^{-1})$。
10. 蔬菜、水果中维生素 C 含量的测定$(g \cdot L^{-1})$。
11. 分光光度法测定油条中铝的含量。
12. 茶叶中微量元素的鉴定与定量测定。

附 录

一、标准电极电势表

表 1 在酸性溶液中(298 K)

电 对	方 程 式	$E^{\ominus}/V$
Li(I)—(0)	$Li^+ + e^- = Li$	$-3.040\ 1$
K(I)—(0)	$K^+ + e^- = K$	-2.931
Ba(II)—(0)	$Ba^{2+} + 2e^- = Ba$	-2.912
Sr(II)—(0)	$Sr^{2+} + 2e^- = Sr$	-2.899
Ca(II)—(0)	$Ca^{2+} + 2e^- = Ca$	-2.868
Na(I)—(0)	$Na^+ + e^- = Na$	-2.71
Mg(II)—(0)	$Mg^{2+} + 2e^- = Mg$	-2.372
H(0)—(—I)	$H_2(g) + 2e^- = 2H^-$	-2.23
Al(III)—(0)	$AlF_6^{3-} + 3e^- = Al + 6F^-$	-2.069
Al(III)—(0)	$Al^{3+} + 3e^- = Al$	-1.662
Ti(II)—(0)	$Ti^{2+} + 2e^- = Ti$	-1.630
Si(IV)—(0)	$[SiF_6]^{2-} + 4e^- = Si + 6F^-$	-1.24
Mn(II)—(0)	$Mn^{2+} + 2e^- = Mn$	-1.185
Cr(II)—(0)	$Cr^{2+} + 2e^- = Cr$	-0.913
Ti(III)—(II)	$Ti^{3+} + e^- = Ti^{2+}$	-0.9
** Ti(IV)—(0)	$TiO_2 + 4H^+ + 4e^- = Ti + 2H_2O$	-0.86
Zn(II)—(0)	$Zn^{2+} + 2e^- = Zn$	$-0.761\ 8$
Cr(III)—(0)	$Cr^{3+} + 3e^- = Cr$	-0.744
As(0)—(—III)	$As + 3H^+ + 3e^- = AsH_3$	-0.608

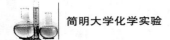

电　对	方　程　式	$E^{\ominus}/V$
P（Ⅰ）—（0）	$H_3PO_2+H^++e^-\!=\!=\!=\!P+2H_2O$	-0.508
P（Ⅲ）—（Ⅰ）	$H_3PO_3+2H^++2e^-\!=\!=\!=\!H_3PO_2+H_2O$	-0.499
** C（Ⅳ）—（Ⅲ）	$2CO_2+2H^++2e^-\!=\!=\!=\!H_2C_2O_4$	-0.481
Fe（Ⅱ）—（0）	$Fe^{2+}+2e^-\!=\!=\!=\!Fe$	-0.447
Cr（Ⅲ）—（Ⅱ）	$Cr^{3+}+e^-\!=\!=\!=\!Cr^{2+}$	-0.407
Cd（Ⅱ）—（0）	$Cd^{2+}+2e^-\!=\!=\!=\!Cd$	$-0.403\,0$
Pb（Ⅱ）—（0）	$PbI_2+2e^-\!=\!=\!=\!Pb+2I^-$	-0.365
Pb（Ⅱ）—（0）	$PbSO_4+2e^-\!=\!=\!=\!Pb+SO_4^{2-}$	$-0.358\,8$
Co（Ⅱ）—（0）	$Co^{2+}+2e^-\!=\!=\!=\!Co$	-0.28
P（Ⅴ）—（Ⅲ）	$H_3PO_4+2H^++2e^-\!=\!=\!=\!H_3PO_3+H_2O$	-0.276
Pb（Ⅱ）—（0）	$PbCl_2+2e^-\!=\!=\!=\!Pb+2Cl^-$	$-0.267\,5$
Ni（Ⅱ）—（0）	$Ni^{2+}+2e^-\!=\!=\!=\!Ni$	-0.257
V（Ⅲ）—（Ⅱ）	$V^{3+}+e^-\!=\!=\!=\!V^{2+}$	-0.255
Ag（Ⅰ）—（0）	$AgI+e^-\!=\!=\!=\!Ag+I^-$	$-0.152\,24$
Sn（Ⅱ）—（0）	$Sn^{2+}+2e^-\!=\!=\!=\!Sn$	$-0.137\,5$
Pb（Ⅱ）—（0）	$Pb^{2+}+2e^-\!=\!=\!=\!Pb$	$-0.126\,2$
C（Ⅳ）—（Ⅱ）	$CO_2(g)+2H^++2e^-\!=\!=\!=\!CO+H_2O$	-0.106
** Ti（Ⅳ）—（Ⅲ）	$TiO^{2+}+2H^++e^-\!=\!=\!=\!Ti^{3+}+H_2O$	-0.10
P（0）—（－Ⅲ）	$P(white)+3H^++3e^-\!=\!=\!=\!PH_3(g)$	-0.063
Hg（Ⅰ）—（0）	$Hg_2I_2+2e^-\!=\!=\!=\!2Hg+2I^-$	$-0.040\,5$
Fe（Ⅲ）—（0）	$Fe^{3+}+3e^-\!=\!=\!=\!Fe$	-0.037
H（Ⅰ）—（0）	$2H^++2e^-\!=\!=\!=\!H_2$	$0.000\,0$
Ag（Ⅰ）—（0）	$AgBr+e^-\!=\!=\!=\!Ag+Br^-$	$0.071\,33$
S（Ⅱ.Ⅴ）—（Ⅱ）	$S_4O_6^{2-}+2e^-\!=\!=\!=\!2S_2O_3^{2-}$	0.08
S（0）—（－Ⅱ）	$S+2H^++2e^-\!=\!=\!=\!H_2S(aq)$	0.142
Sn（Ⅳ）—（Ⅱ）	$Sn^{+4}+2e^-\!=\!=\!=\!Sn^{2+}$	0.151
Cu（Ⅱ）—（Ⅰ）	$Cu^{2+}+e^-\!=\!=\!=\!Cu^+$	0.153

电　对	方　程　式	$E^{\ominus}/V$
$S(VI)-(IV)$	$SO_4^{2-}+4H^++2e^-\Longrightarrow H_2SO_3+H_2O$	0.172
$Ag(I)-(0)$	$AgCl+e^-\Longrightarrow Ag+Cl^-$	0.222 33
$As(III)-(0)$	$HAsO_2+3H^++3e^-\Longrightarrow As+2H_2O$	0.248
$Hg(I)-(0)$	$Hg_2Cl_2+2e^-\Longrightarrow 2Hg+2Cl^-$（饱和 KCl）	0.268 08
$Bi(III)-(0)$	$BiO^++2H^++3e^-\Longrightarrow Bi+H_2O$	0.320
$C(IV)-(III)$	$2HCNO+2H^++2e^-\Longrightarrow (CN)_2+2H_2O$	0.330
$V(IV)-(III)$	$VO^{2+}+2H^++e^-\Longrightarrow V^{3+}+H_2O$	0.337
$Cu(II)-(0)$	$Cu^{2+}+2e^-\Longrightarrow Cu$	0.341 9
$Ag(I)-(0)$	$Ag_2CrO_4+2e^-\Longrightarrow 2Ag+CrO_4^{2-}$	0.447 0
$S(IV)-(0)$	$H_2SO_3+4H^++4e^-\Longrightarrow S+3H_2O$	0.449
$Cu(I)-(0)$	$Cu^++e^-\Longrightarrow Cu$	0.521
$I(0)-(-I)$	$I_2+2e^-\Longrightarrow 2I^-$	0.535 5
$I(0)-(-I)$	$I_3^-+2e^-\Longrightarrow 3I^-$	0.536
$As(V)-(III)$	$H_3AsO_4+2H^++2e^-\Longrightarrow HAsO_2+2H_2O$	0.560
$*\,Hg(II)-(I)$	$2HgCl_2+2e^-\Longrightarrow Hg_2Cl_2+2Cl^-$	0.63
$O(0)-(-I)$	$O_2+2H^++2e^-\Longrightarrow H_2O_2$	0.695
$Fe(III)-(II)$	$Fe^{3+}+e^-\Longrightarrow Fe^{2+}$	0.771
$Hg(I)-(0)$	$Hg_2^{2+}+2e^-\Longrightarrow 2Hg$	0.797 3
$Ag(I)-(0)$	$Ag^++e^-\Longrightarrow Ag$	0.799 6
$N(V)-(IV)$	$2NO_3^-+4H^++2e^-\Longrightarrow N_2O_4+2H_2O$	0.803
$Hg(II)-(0)$	$Hg^{2+}+2e^-\Longrightarrow Hg$	0.851
$Si(IV)-(0)$	$(quartz)SiO_2+4H^++4e^-\Longrightarrow Si+2H_2O$	0.857
$*\,Cu(II)-(I)$	$Cu^{2+}+I^-+e^-\Longrightarrow CuI$	0.86
$Hg(II)-(I)$	$2Hg^{2+}+2e^-\Longrightarrow Hg_2^{2+}$	0.920
$N(V)-(III)$	$NO_3^-+3H^++2e^-\Longrightarrow HNO_2+H_2O$	0.934
$N(V)-(II)$	$NO_3^-+4H^++3e^-\Longrightarrow NO+2H_2O$	0.957
$N(III)-(II)$	$HNO_2+H^++e^-\Longrightarrow NO+H_2O$	0.983

电　对	方　程　式	$E^{\ominus}/V$
I(Ⅰ)—(—Ⅰ)	$HIO+H^++2e^-=\!=\!=I^-+H_2O$	0.987
V(Ⅴ)—(Ⅳ)	$VO_2^++2H^++e^-=\!=\!=VO^{2+}+H_2O$	0.991
V(Ⅴ)—(Ⅳ)	$V(OH)_4^++2H^++e^-=\!=\!=VO^{2+}+3H_2O$	1.00
I(Ⅴ)—(—Ⅰ)	$IO_3^-+6H^++6e^-=\!=\!=I^-+3H_2O$	1.085
Br(0)—(—Ⅰ)	$Br_2(aq)+2e^-=\!=\!=2Br^-$	1.087 3
Cl(Ⅴ)—(Ⅳ)	$ClO_3^-+2H^++e^-=\!=\!=ClO_2+H_2O$	1.152
Cl(Ⅶ)—(Ⅴ)	$ClO_4^-+2H^++2e^-=\!=\!=ClO_3^-+H_2O$	1.189
I(Ⅴ)—(0)	$2IO_3^-+12H^++10e^-=\!=\!=I_2+6H_2O$	1.195
Cl(Ⅴ)—(Ⅲ)	$ClO_3^-+3H^++2e^-=\!=\!=HClO_2+H_2O$	1.214
Mn(Ⅳ)—(Ⅱ)	$MnO_2+4H^++2e^-=\!=\!=Mn^{2+}+2H_2O$	1.224
O(0)—(—Ⅱ)	$O_2+4H^++4e^-=\!=\!=2H_2O$	1.229
Cl(Ⅳ)—(Ⅲ)	$ClO_2+H^++e^-=\!=\!=HClO_2$	1.277
Br(Ⅰ)—(—Ⅰ)	$HBrO+H^++2e^-=\!=\!=Br^-+H_2O$	1.331
Cr(Ⅵ)—(Ⅲ)	$HCrO_4^-+7H^++3e^-=\!=\!=Cr^{3+}+4H_2O$	1.350
Cl(0)—(—Ⅰ)	$Cl_2(g)+2e^-=\!=\!=2Cl^-$	1.358 27
** Cr(Ⅵ)—(Ⅲ)	$Cr_2O_7^{2-}+14H^++6e^-=\!=\!=2Cr^{3+}+7H_2O$	1.36
Cl(Ⅶ)—(—Ⅰ)	$ClO_4^-+8H^++8e^-=\!=\!=Cl^-+4H_2O$	1.389
Cl(Ⅶ)—(0)	$ClO_4^-+8H^++7e^-=\!=\!=1/2Cl_2+4H_2O$	1.39
Br(Ⅴ)—(—Ⅰ)	$BrO_3^-+6H^++6e^-=\!=\!=Br^-+3H_2O$	1.423
I(Ⅰ)—(0)	$2HIO+2H^++2e^-=\!=\!=I_2+2H_2O$	1.439
Cl(Ⅶ)—(—Ⅰ)	$ClO_4^-+8H^++8e^-=\!=\!=Cl^-+4H_2O$	1.451
Pb(Ⅳ)—(Ⅱ)	$PbO_2+4H^++2e^-=\!=\!=Pb^{2+}+2H_2O$	1.455
Cl(Ⅴ)—(0)	$ClO_3^-+6H^++5e^-=\!=\!=1/2Cl_2+3H_2O$	1.47
Cl(Ⅰ)—(—Ⅰ)	$HClO+H^++2e^-=\!=\!=Cl^-+H_2O$	1.482
Br(Ⅴ)—(0)	$BrO_3^-+6H^++5e^-=\!=\!=l/2Br_2+3H_2O$	1.482
Mn(Ⅶ)—(Ⅱ)	$MnO_4^-+8H^++5e^-=\!=\!=Mn^{2+}+4H_2O$	1.507
Mn(Ⅲ)—(Ⅱ)	$Mn^{3+}+e^-=\!=\!=Mn^{2+}$	1.541 5

电 对	方 程 式	$E^{\ominus}/V$
Cl(Ⅲ)—(—Ⅰ)	$HClO_2 + 3H^+ + 4e^- \rightleftharpoons Cl^- + 2H_2O$	1.570
Br(Ⅰ)—(0)	$HBrO + H^+ + e^- \rightleftharpoons 1/2Br_2(aq) + H_2O$	1.574
I(Ⅶ)—(Ⅴ)	$H_5IO_6 + H^+ + 2e^- \rightleftharpoons IO_3^- + 3H_2O$	1.601
Cl(Ⅰ)—(0)	$HClO + H^+ + e^- \rightleftharpoons 1/2Cl_2 + H_2O$	1.611
Cl(Ⅲ)—(Ⅰ)	$HClO_2 + 2H^+ + 2e^- \rightleftharpoons HClO + H_2O$	1.645
Ni(Ⅳ)—(Ⅱ)	$NiO_2 + 4H^+ + 2e^- \rightleftharpoons Ni^{2+} + 2H_2O$	1.678
Mn(Ⅶ)—(Ⅳ)	$MnO_4^- + 4H^+ + 3e^- \rightleftharpoons MnO_2 + 2H_2O$	1.679
Pb(Ⅳ)—(Ⅱ)	$PbO_2 + SO_4^{2-} + 4H^+ + 2e^- \rightleftharpoons PbSO_4 + 2H_2O$	1.691 3
O(—Ⅰ)—(—Ⅱ)	$H_2O_2 + 2H^+ + 2e^- \rightleftharpoons 2H_2O$	1.776
Co(Ⅲ)—(Ⅱ)	$Co^{3+} + e^- \rightleftharpoons Co^{2+}$	1.92
Ag(Ⅱ)—(Ⅰ)	$Ag^{2+} + e^- \rightleftharpoons Ag^+$	1.980
S(Ⅶ)—(Ⅵ)	$S_2O_8^{2-} + 2e^- \rightleftharpoons 2SO_4^{2-}$	2.010
O(0)—(—Ⅱ)	$O_3 + 2H^+ + 2e^- \rightleftharpoons O_2 + H_2O$	2.076
F(0)—(—Ⅰ)	$F_2 + 2H^+ + 2e^- \rightleftharpoons 2HF$	3.053

二、弱电解质的电离常数

(近似浓度 0.01~0.003 mol·L⁻¹,温度 298 K)

名 称	化学式	电离常数,K	pK
醋酸	HAc	1.75×10^{-5}	4.756
碳酸	H_2CO_3	$K_1 = 4.5 \times 10^{-7}$	6.35
		$K_2 = 4.7 \times 10^{-11}$	10.33
草酸	$H_2C_2O_4$	$K_1 = 5.6 \times 10^{-2}$	1.25
		$K_2 = 5.42 \times 10^{-5}$	4.27
磷酸	H_3PO_4	$K_1 = 7.11 \times 10^{-3}$	2.16
		$K_2 = 6.23 \times 10^{-8}$	7.21
		$K_3 = 4.5 \times 10^{-13}$	12.32

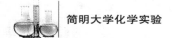

名　称	化学式	电离常数，K	pK
硫酸	H_2SO_4	$K_2 = 1.02 \times 10^{-2}$	1.99
铬酸	H_2CrO_4	$K_1 = 1.8 \times 10^{-1}$	0.74
		$K_2 = 3.3 \times 10^{-7}$	6.49
硼酸	H_3BO_3 (293 K)	5.8×10^{-10}	9.27
过氧化氢	H_2O_2	2.2×10^{-12}	11.62
次氯酸	HClO	3.0×10^{-8}	7.40
碘酸	HIO_3	4.9×10^{-1}	0.78
铵离子	NH_4^+	5.7×10^{-10}	9.25
氨水	$NH_3 \cdot H_2O$	1.8×10^{-5}	4.75
***氢氧化铝	$Al(OH)_3$	5×10^{-9}	8.3
	$Al(OH)_2^+$	2×10^{-10}	9.7
***氢氧化锌	$Zn(OH)_2$	8×10^{-7}	6.1
乙二胺	$H_2NC_2H_4NH_2$	$K_1 = 8.3 \times 10^{-5}$	4.08
		$K_2 = 7.2 \times 10^{-8}$	7.14
***六亚甲基四胺	$(CH_2)_6N_4$	1.4×10^{-9}	8.85
尿素	$CO(NH_2)_2$	1.3×10^{-14}	13.90
***质子化六亚甲基四胺	$(CH_2)_6N_4H^+$	7.4×10^{-6}	5.13
甲酸	HCOOH	1.8×10^{-4}	3.75
邻苯二甲酸	$C_6H_4(COOH)_2$	$K_1 = 1.12 \times 10^{-3}$	2.943
		$K_2 = 3.91 \times 10^{-6}$	5.432
柠檬酸	$(HOOCCH_2)_2C(OH)COOH$	$K_1 = 7.44 \times 10^{-4}$	3.13
		$K_2 = 1.73 \times 10^{-5}$	4.764
		$K_3 = 4.02 \times 10^{-7}$	6.34
α-酒石酸	$(CH(OH)COOH)_2$	$K_1 = 9.20 \times 10^{-4}$	3.03
		$K_2 = 4.31 \times 10^{-5}$	4.37
8-羟基喹啉	C_9H_6NOH	$K_1 = 1.2 \times 10^{-5}$	4.91
		$K_2 = 1.5 \times 10^{-10}$	9.81

名 称	化学式	电离常数,K	pK
苯酚	C_6H_5OH	1×10^{-10}	9.99
对氨基苯磺酸	$H_2NC_6H_4SO_3H$	$K_1=2.6\times10^{-1}$	0.58
		$K_2=5.9\times10^{-4}$	3.23
***乙二胺四乙酸(EDTA)	$(CH_2COOH)_2NCH_2CH_2N$ $(CH_2COOH)_2$	$K_1=1.0\times10^{-2}$	2.00
		$K_2=2.1\times10^{-3}$	2.68
		5.4×10^{-7}	6.27
		1.1×10^{-11}	10.98

三、配离子的稳定常数

(温度 293～298 K,离子强度 $I\approx0$)

配离子	稳定常数,β	$\lg\beta$	配离子	稳定常数,β	$\lg\beta$
$[Ag(NH_3)_2]^+$	1.1×10^7	7.05	$[Zn(SCN)]^+$	42	1.62
$[Co(NH_3)_6]^{2+}$	1.3×10^5	5.11	$[FeHPO_4]^+$	2.2×10^9	9.35
$[Co(NH_3)_6]^{3+}$	2×10^{35}	35.3	$[Zn(OH)_4]^{2-}$	4.6×10^{17}	17.66
$[Cu(NH_3)_4]^{2+}$	2.1×10^{13}	13.32	$[Ag(S_2O_3)_2]^{3-}$	$\beta_1=6.6\times10^8$	8.82
$[Ni(NH_3)_6]^{2+}$	5.5×10^8	8.74		$\beta_2=2.9\times10^{13}$	13.46
$[Zn(NH_3)_4]^{2+}$	2.9×10^9	9.46	$[Ag(Ac)_2]^-$	4.4	0.64
$[AlF_6]^{3-}$	6.9×10^{19}	19.84	$[Cu(Ac)_4]^{2-}$	1.6×10^3	3.20
$[FeF_3]$	1.2×10^{12}	12.06	$[Pb(Ac)_4]^{2-}$	3.2×10^8	8.50
$[AgCl_2]^-$	1.1×10^5	5.04	$[Cu(C_2O_4)_2]^{2-}$	3×10^8	8.5
$[Ag(SCN)_2]^-$	3.7×10^7	7.57	$[Fe(C_2O_4)_3]^{4-}$	1.7×10^5	5.23
$[Co(SCN)_4]^{2-}$	1.0×10^3	3.00	$[Fe(C_2O_4)_3]^{3-}$	1.6×10^{20}	20.20
$[Fe(SCN)_2]^+$	$\beta_1=8.9\times10^2$ $\beta_2=2.3\times10^3$	2.95 3.36	$[Zn(C_2O_4)_3]^{4-}$	1.4×10^8	8.15
			$[Co(en)_3]^{2+}$	8.7×10^{13}	13.94

配离子	稳定常数,β	lg β	配离子	稳定常数,β	lg β
$[Co(en)_3]^{3+}$	4.9×10^{48}	48.69	$[Ca(edta)]^{2-}$	1.0×10^{11}	11.00
$[Fe(en)_3]^{2+}$	5.0×10^{9}	9.70	$[Co(edta)]^{-}$	1×10^{36}	36.0
$[Ni(en)_3]^{2+}$	2.1×10^{18}	18.33	$[Cu(edta)]^{2-}$	5.0×10^{18}	18.70
$[AgBr_2]^{-}$	2.1×10^{7}	7.33	$[Fe(edta)]^{2-}$	2.1×10^{14}	14.33
$[Ag(CN)_2]^{-}$	1.3×10^{21}	21.10	$[Fe(edta)]^{-}$	1.7×10^{24}	24.23
$[Cu(CN)_4]^{2-}$	2.0×10^{30}	30.30	$[Mg(edta)]^{2-}$	4.4×10^{8}	8.64
$[Fe(CN)_6]^{4-}$	1×10^{35}	35.0	$[Mn(edta)]^{2-}$	6.3×10^{13}	13.80
$[Fe(CN)_6]^{3-}$	1×10^{42}	42.0	$[Ni(edta)]^{2-}$	3.6×10^{18}	18.56
$[Ni(CN)_4]^{2-}$	2×10^{31}	31.3	$[Pb(edta)]^{2-}$	2.0×10^{18}	18.30
$[Zn(CN)_4]^{2-}$	5×10^{16}	16.7	$[Zn(edta)]^{2-}$	2.5×10^{16}	16.40
$[Zn(en)_3]^{2+}$	1.3×10^{14}	14.11	$[Sn(edta)]^{2-}$	1×10^{22}	22.0
$[Al(edta)]^{-}$	1.3×10^{16}	16.11			

注：Ac—醋酸根,en—乙二胺,edta—乙二胺四乙酸根

四、氨羧配位剂类配合物的稳定常数

金属离子	EDTA	CyDTA	EGTA	DTPA	HEDTA
Ag^{+}	7.32	9.03	6.88	8.61	6.71
Al^{3+}	16.11	17.6	13.90	18.60	14.3
Ba^{2+}	7.78	8.64	8.41	8.87	5.54
Ca^{2+}	11.0	12.3	10.97	10.84	8.43
Cd^{2+}	16.4	19.9	16.70	19.20	13.0
Co^{2+}	16.31	19.6	12.30	19.27	14.4
Co^{3+}	36			40.50	43.20
Cr^{3+}	23			15.36	

金属离子	EDTA	CyDTA	EGTA	DTPA	HEDTA
Cu^{2+}	18.7	22.00	17.71	21.00	17.4
Fe^{2+}	14.3	19.00	11.87	16.50	11.6
Fe^{3+}	24.2	27.5	20.38	28.00	19.8
Mg^{2+}	8.64	10.4	5.21	9.30	5.78
Mn^{2+}	13.8	17.4	12.28	15.60	10.7
Na^+	1.66		1.38		
Ni^{2+}	18.6	19.4	13.55	20.32	17.0
Pb^{2+}	18.3	20.3	14.84	20.56	15.5
Sn^{2+}	22.10	18.70	18.70	20.70	
Ti^{3+}	21.30				
TiO^{2+}	17.3	18.23		23.36	
VO^{2+}	18.0	19.4			
Zn^{2+}	16.4	18.6	12.70	18.40	14.5

五、溶度积常数(298 K)*

化合物	溶度积	化合物	溶度积
醋酸盐		CuBr	6.27×10^{-9}
AgAc	1.94×10^{-3}	CuCl	1.72×10^{-7}
卤化物		CuI	1.27×10^{-12}
AgBr	5.35×10^{-13}	Hg_2Cl_2	1.43×10^{-18}
AgCl	1.77×10^{-10}	Hg_2I_2	5.2×10^{-29}
AgI	8.52×10^{-17}	HgI_2	2.9×10^{-29}
BaF_2	1.84×10^{-7}	$PbBr_2$	6.60×10^{-6}
CaF_2	3.45×10^{-11}	$PbCl_2$	1.70×10^{-5}

化合物	溶度积	化合物	溶度积
PbF_2	3.3×10^{-8}	氢氧化物	
PbI_2	9.8×10^{-9}	** $AgOH$	2.0×10^{-8}
SrF_2	4.33×10^{-9}	** $Al(OH)_3$（无定形）	1.3×10^{-33}
碳酸盐		$Be(OH)_2$（无定形）	6.92×10^{-22}
Ag_2CO_3	8.46×10^{-12}	$Ca(OH)_2$	5.02×10^{-6}
$BaCO_3$	2.58×10^{-9}	$Cd(OH)_2$	7.2×10^{-15}
$CaCO_3$	3.36×10^{-9}	*** $Co(OH)_2$（粉红色）	1.6×10^{-15}
$CdCO_3$	1.0×10^{-12}	$Co(OH)_2$（蓝色）	5.92×10^{-15}
** $CuCO_3$	1.4×10^{-10}	** $Co(OH)_3$	1.6×10^{-44}
$FeCO_3$	3.13×10^{-11}	** $Cr(OH)_2$	2×10^{-16}
Hg_2CO_3	3.6×10^{-17}	** $Cr(OH)_3$	6.3×10^{-31}
$MgCO_3$	6.82×10^{-6}	** $Cu(OH)_2$	2.2×10^{-20}
$MnCO_3$	2.24×10^{-11}	$Fe(OH)_2$	4.87×10^{-17}
$NiCO_3$	1.42×10^{-7}	$Fe(OH)_3$	2.79×10^{-39}
$PbCO_3$	7.4×10^{-14}	$Mg(OH)_2$	5.61×10^{-12}
$SrCO_3$	5.6×10^{-10}	** $Mn(OH)_2$	1.9×10^{-13}
$ZnCO_3$	1.46×10^{-10}	** $Ni(OH)_2$（新制备）	5.48×10^{-16}
铬酸盐		** $Pb(OH)_2$	1.43×10^{-20}
Ag_2CrO_4	1.12×10^{-12}	** $Sn(OH)_2$	5.45×10^{-27}
** $Ag_2Cr_2O_7$	2.0×10^{-7}	*** $Sr(OH)_2$	9×10^{-4}
$BaCrO_4$	1.17×10^{-10}	$Zn(OH)_2$	3.0×10^{-17}
** $CaCrO_4$	7.1×10^{-4}	草酸盐	
** $CuCrO_4$	3.6×10^{-6}	$Ag_2C_2O_4$	5.4×10^{-12}
** Hg_2CrO_4	2.0×10^{-9}	** BaC_2O_4	1.6×10^{-7}
** $PbCrO_4$	2.8×10^{-13}	$CaC_2O_4\cdot H_2O$	2.32×10^{-9}
** $SrCrO_4$	2.2×10^{-5}	CuC_2O_4	4.43×10^{-10}

化合物	溶度积	化合物	溶度积
** $FeC_2O_4 \cdot 2H_2O$	3.2×10^{-7}	PbS	8×10^{-28}
$Hg_2C_2O_4$	1.75×10^{-13}	SnS	1×10^{-25}
$MgC_2O_4 \cdot 2H_2O$	4.83×10^{-6}	*** SnS_2	2×10^{-27}
$MnC_2O_4 \cdot 2H_2O$	1.70×10^{-7}	$ZnS(\alpha$ 型$)$	1.6×10^{-24}
* PbC_2O_4	4.8×10^{-10}	磷酸盐	
* $SrC_2O_4 \cdot H_2O$	1.6×10^{-7}	Ag_3PO_4	8.89×10^{-17}
$ZnC_2O_4 \cdot 2H_2O$	1.38×10^{-9}	$AlPO_4$	9.84×10^{-21}
硫酸盐		** $CaHPO_4$	1×10^{-7}
Ag_2SO_4	1.20×10^{-5}	$Ca_3(PO_4)_2$	2.07×10^{-29}
$BaSO_4$	1.08×10^{-10}	$Cd_3(PO_4)_2$	2.52×10^{-33}
$CaSO_4$	4.93×10^{-5}	$Cu_3(PO_4)_2$	1.40×10^{-37}
Hg_2SO_4	6.5×10^{-7}	$FePO_4 \cdot 2H_2O$	9.91×10^{-16}
$PbSO_4$	2.53×10^{-8}	** $MgNH_4PO_4$	2.5×10^{-13}
$SrSO_4$	3.44×10^{-7}	$Mg_3(PO_4)_2$	1.04×10^{-24}
硫化物		** $Pb_3(PO_4)_2$	8.0×10^{-43}
Ag_2S	6.3×10^{-50}	** $Zn_3(PO_4)_2$	9.0×10^{-33}
CdS	8.0×10^{-27}	其他盐	
** $CoS(\alpha$ -型$)$	4.0×10^{-21}	** $[Ag^+][Ag(CN)_2^-]$	7.2×10^{-11}
** $CoS(\beta$ -型$)$	2.0×10^{-25}	** $Ag_4[Fe(CN)_6]$	1.6×10^{-41}
** Cu_2S	2.5×10^{-48}	** $Cu_2[Fe(CN)_6]$	1.3×10^{-16}
CuS	6.3×10^{-36}	$AgSCN$	1.03×10^{-12}
FeS	6.3×10^{-18}	$CuSCN$	1.77×10^{-13}
$HgS($黑色$)$	1.6×10^{-52}	$AgBrO_3$	5.38×10^{-5}
$HgS($红色$)$	4×10^{-53}	$AgIO_3$	3.17×10^{-8}
$MnS($绿色$)$	2.5×10^{-13}	$Cu(IO_3)_2 \cdot H_2O$	6.94×10^{-8}
** $NiS(\alpha$ -型$)$	3.2×10^{-19}	** $KHC_4H_4O_6($酒石酸氢钾$)$	3×10^{-4}

化合物	溶度积	化合物	溶度积
** $K_2Na[Co(NO_2)_6] \cdot H_2O$	2.2×10^{-11}	** $Al(8-羟基喹啉)_3$	1.00×10^{-29}
** $Na(NH_4)_2[Co(NO_2)_6]$	2.2×10^{-11}	*** $Mg(8-羟基喹啉)_2$	4×10^{-16}
*** $Ni(丁二酮肟)_2$	4×10^{-24}	*** $Zn(8-羟基喹啉)_2$	5×10^{-24}

* 摘自 David R. Lide, Handbook of Chemistry and Physics, 87th. edition, 2006—2007
** 摘自 J.A. Dean Ed. Lange's Handbook of Chemistry, 16th. Edition, 2004
*** 摘自其他参考书。

六、市售酸碱试剂的质量分数和相对密度

试剂名称	化学式	密度/(g·mL^{-1})	质量分数/%	物质的量浓度/moL·L^{-1}
浓硫酸 稀硫酸	H_2SO_4	1.83~1.84 1.18	95~98 25	17.8~18.4 3
浓盐酸 稀盐酸	HCl	1.18~1.19 1.10	36.0~38.0 20	11.6~12.4 6
浓硝酸 稀硝酸	HNO_3	1.39~1.40 1.19	65.0~68.0 32	14.4~15.2 6
磷酸	H_3PO_4	1.69	85	14.6
冰醋酸 稀醋酸	CH_3COOH	1.05 1.04	99~99.8 34	17.4 6
高氯酸	$HClO_4$	1.68	70.0~72.0	11.7~12.0
氢氟酸	HF	1.13	40	22.5
氢溴酸	HBr	1.49	47.0	8.6
稀氢氧化钠	NaOH	1.22	20	6
浓氨水 稀氨水	$NH_3 \cdot H_2O$	0.88~0.90 0.96	25~28(NH_3) 10	13.3~14.8 6

七、常用指示剂

表 1　酸碱指示剂(291 K～298 K)

指示剂名称	变色 pH 范围	颜色变化	溶液配制方法
甲基紫 (第一变色范围)	0.13～0.5	黄～绿	1 g·L^{-1}水溶液
苦味酸	0.0～1.3	无色～黄	1 g·L^{-1}水溶液
甲基绿	0.1～2.0	黄～绿～浅蓝	0.5 g·L^{-1}水溶液
孔雀绿 (第一变色范围)	0.13～2.0	黄～浅蓝～绿	1 g·L^{-1}水溶液
甲酚红 (第一变色范围)	0.2～1.8	红～黄	0.04 g 指示剂溶于 100 mL 50％乙醇中
甲基紫 (第二变色范围)	1.0～1.5	绿～蓝	1 g·L^{-1}水溶液
百里酚蓝 (麝香草酚蓝) (第一变色范围)	1.2～2.8	红～黄	0.1 g 指示剂溶于 100 mL 20％乙醇中
甲基紫 (第三变色范围)	2.0～3.0	蓝～紫	1 g·L^{-1}水溶液
茜素黄 R (第一变色范围)	1.9～3.3	红～黄	1 g·L^{-1}水溶液
二甲基黄	2.9～4.0	红～黄	0.1 g 指示剂溶于 100 mL 90％乙醇中
甲基橙	3.1～4.4	红～橙黄	1 g·L^{-1}水溶液
溴酚蓝	3.0～4.6	黄～蓝	0.1 g 指示剂溶于 100 mL 20％乙醇中
刚果红	3.0～5.2	蓝紫～红	1 g·L^{-1}水溶液
茜素红 S (第一变色范围)	3.7～5.2	黄～紫	1 g·L^{-1}水溶液

续　表

指示剂名称	变色 pH 范围	颜色变化	溶液配制方法
溴甲酚绿	3.8～5.4	黄～蓝	0.1 g 指示剂溶于 100 mL 20％乙醇中
甲基红	4.4～6.2	红～黄	0.2 g 指示剂溶于 100 mL 60％乙醇中
溴酚红	5.0～6.8	黄～红	0.1 g 指示剂溶于 100 mL 20％乙醇中
溴甲酚紫	5.2～6.8	黄～紫红	0.1 g 指示剂溶于 100 mL 20％乙醇中
溴百里酚蓝	6.0～7.6	黄～蓝	0.05 g 指示剂溶于 100 mL 20％乙醇中
中性红	6.8～8.0	红～亮黄	0.1 g 指示剂溶于 100 mL 60％乙醇中
酚红	6.8～8.0	黄～红	0.1 g 指示剂溶于 100 mL 20％乙醇中
甲酚红	7.2～8.8	亮黄～紫红	0.1 g 指示剂溶于 100 mL 50％乙醇中
百里酚蓝 （麝香草酚蓝） （第二变色范围）	8.0～9.0	黄～蓝	0.1 g 指示剂溶于 100 mL 20％乙醇中
酚酞	8.2～10.0	无色～紫红	1 g 酚酞溶于 100 mL 90％乙醇中
百里酚酞	9.4～10.6	无色～蓝	0.1 g 指示剂溶于 100 mL 90％乙醇中
茜素红 S （第二变色范围）	10.0～12.0	紫～淡黄	$1 g \cdot L^{-1}$水溶液
茜素黄 R （第二变色范围）	10.1～12.1	黄～淡紫	$1 g \cdot L^{-1}$水溶液
孔雀绿 （第二变色范围）	11.5～13.2	蓝绿～无色	$1 g \cdot L^{-1}$水溶液
达旦黄	12.0～13.0	黄～红	$1 g \cdot L^{-1}$水溶液

表 2　混合酸碱指示剂

指示剂溶液的组成	变色点 pH	颜色		备注
		酸色	碱色	
一份 1 g·L⁻¹ 甲基黄乙醇溶液 一份 1 g·L⁻¹ 亚甲基蓝乙醇溶液	3.25	蓝紫	绿	pH3.2 蓝紫色 pH3.4 绿色
四份 2 g·L⁻¹ 溴甲酚绿乙醇溶液 一份 1 g·L⁻¹ 二甲基黄乙醇溶液	3.9	橙	绿	变色点黄色
一份 2 g·L⁻¹ 甲基橙水溶液 一份 2.8 g·L⁻¹ 靛蓝（二磺酸）乙醇溶液	4.1	紫	黄绿	调节两者的比例，直至终点敏锐
一份 1 g·L⁻¹ 溴甲酚绿钠盐水溶液 一份 2 g·L⁻¹ 甲基橙水溶液	4.3	黄	蓝绿	pH3.5 黄色 pH4.0 黄绿色 pH4.3 绿色
三份 1 g·L⁻¹ 溴甲酚绿乙醇溶液 一份 2 g·L⁻¹ 甲基红乙醇溶液	5.1	酒红	绿	
一份 2 g·L⁻¹ 甲基红乙醇溶液 一份 1 g·L⁻¹ 亚甲基蓝乙醇溶液	5.4	红紫	绿	pH5.2 红紫 pH5.4 暗蓝 pH5.6 绿
一份 1 g·L⁻¹ 溴甲酚绿钠盐水溶液 一份 1 g·L⁻¹ 氯酚红钠盐水溶液	6.1	黄绿	蓝紫	pH5.4 蓝绿 pH5.8 蓝 pH6.2 蓝紫
一份 1 g·L⁻¹ 溴甲酚紫钠盐水溶液 一份 1 g·L⁻¹ 溴百里酚蓝钠盐水溶液	6.7	黄	蓝紫	pH6.2 黄紫 pH6.6 紫 pH6.8 蓝紫
一份 1 g·L⁻¹ 中性红乙醇溶液 一份 1 g·L⁻¹ 亚甲基蓝乙醇溶液	7.0	蓝紫	绿	pH7.0 蓝紫
一份 1 g·L⁻¹ 溴百里酚蓝钠盐水溶液 一份 1 g·L⁻¹ 酚红钠盐水溶液	7.5	黄	紫	pH7.2 暗绿 pH7.4 淡紫 pH7.6 深紫
一份 1 g·L⁻¹ 甲酚红 50% 乙醇溶液 六份 1 g·L⁻¹ 百里酚蓝 50% 乙醇溶液	8.3	黄	紫	pH8.2 玫瑰色 pH8.4 紫色 变色点微红色

表 3　金属离子指示剂

指示剂名称	解离平衡和颜色变化	溶液配制方法
铬黑 T(EBT)	$H_2In^- \xrightleftharpoons{pK_{a2}=6.3} HIn^{2-} \xrightleftharpoons{pK_{a3}=11.5} In^{3-}$ 　　紫红　　　　　蓝　　　　　橙	1. $5\ g \cdot L^{-1}$ 水溶液 2. 与 NaCl 按 $1:100$ 质量比混合
二甲酚橙 (XO)	$H_2In^{4-} \xrightleftharpoons{pK_{a5}=6.3} HIn^{5-}$ 　　黄　　　　　红	$2\ g \cdot L^{-1}$ 水溶液
K - B 指示剂	$H_2In \xrightleftharpoons{pK_{a1}=8} HIn^- \xrightleftharpoons{pK_{a2}=13} In^{2-}$ 　　红　　　　　蓝　　　　　紫红 （酸性铬蓝 K）	0.2 g 酸性铬蓝 K 与 0.34 g 萘酚绿 B 溶于 100 mL 水中。配制后需调节 K - B 的比例，使终点变化明显。
钙指示剂	$H_2In^- \xrightleftharpoons{pK_{a2}=7.4} HIn^{2-} \xrightleftharpoons{pK_{a3}=13.5} In^{3-}$ 　　酒红　　　　　蓝　　　　　酒红	$5\ g \cdot L^{-1}$ 的乙醇溶液
吡啶偶氮萘酚 (PAN)	$H_2In^+ \xrightleftharpoons{pK_{a1}=1.9} HIn \xrightleftharpoons{pK_{a2}=12.2} In^-$ 　　黄绿　　　　　黄　　　　　淡红	$1\ g \cdot L^{-1}$ 或 $3\ g \cdot L^{-1}$ 的乙醇溶液
Cu - PAN（CuY - PAN 溶液）	$\underset{浅绿}{CuY+PAN}+\underset{无色}{M^{n+}}=MY+\underset{红色}{Cu-PAN}$	取 $0.05\ mol \cdot L^{-1}$ Cu^{2+} 溶液 10 mL，加 pH 为 5～6 的 HAc 缓冲溶液 5 mL，1 滴 PAN 指示剂，加热至 333 K 左右用 EDTA 滴至绿色，得到约 $0.025\ mol \cdot L^{-1}$ 的 CuY 溶液。使用时取 2～3 mL 于试液中，再加数滴 PAN 溶液
磺基水杨酸	$H_2In \xrightleftharpoons{pK_{a2}=2.7} HIn^- \xrightleftharpoons{pK_{a3}=13.1} In^{2-}$ 　　无色	$10\ g \cdot L^{-1}$ 或 $100\ g \cdot L^{-1}$ 的水溶液
钙镁指示剂（calmagnite）	$H_2In^- \xrightleftharpoons{pK_{a2}=8.1} HIn^{2-} \xrightleftharpoons{pK_{a3}=12.4} In^{3-}$ 　　红　　　　　蓝　　　　　红橙	$5\ g \cdot L^{-1}$ 的水溶液
紫脲酸铵	$H_4In^- \xrightleftharpoons{pK_{a2}=9.2} H_3In^{2-} \xrightleftharpoons{pK_{a3}=10.9} H_2In^{3-}$ 　　红紫　　　　　紫　　　　　蓝	与 NaCl 按 $1:100$ 质量比混合

表 4 氧化还原指示剂

指示剂名称	$E^{\ominus}/V, c(H^+)=$ 1 mol·L^{-1}	颜色变化		溶液配制方法
		氧化态	还原态	
中性红	0.24	红	无色	0.5 g·L^{-1}的60%乙醇溶液
亚甲基蓝	0.36	蓝	无色	0.5 g·L^{-1}的水溶液
变胺蓝	0.59 (pH=2)	无色	蓝色	0.5 g·L^{-1}的水溶液
二苯胺	0.76	紫	无色	10 g·L^{-1}的浓硫酸溶液
二苯胺磺酸钠	0.85	紫红	无色	0.5 g·L^{-1}的水溶液。如溶液浑浊,可滴加少量盐酸
N-邻苯氨基苯甲酸	1.08	紫红	无色	0.1 g指示剂加20 mL 5%的碳酸钠溶液,用水稀释至100 mL
邻二氮菲-Fe(Ⅱ)	1.06	浅蓝	红	1.485 g加0.965 g硫酸亚铁,溶解,稀释100 mL(0.025mol.L^{-1}水溶液)
5-硝基邻二氮菲-Fe(Ⅱ)	1.25	浅蓝	紫红	1.608 g 5-硝基邻二氮菲-Fe(Ⅱ),加0.695 g硫酸亚铁,溶解,稀释至100 mL(0.025 mol·L^{-1}水溶液)

八、常用缓冲溶液的配制

缓冲液组成	pK_a	缓冲液 pH	缓冲液配制方法
氨基乙酸-HCl	2.35 pK_{a1}	2.3	取氨基乙酸150 g溶于500 mL水中后,加浓HCl 80 mL,水稀释至1 L
H$_3$PO$_4$-柠檬酸盐		2.5	取Na$_2$HPO$_4$·12H$_2$O 113 g溶于200 mL水后,加柠檬酸387 g,溶解,过滤后,稀释至1 L

缓冲液组成	pK_a	缓冲液 pH	缓冲液配制方法
一氯乙酸- NaOH	2.86	2.8	取 200 g 一氯乙酸溶于 200 mL 水中,加 NaOH 40 g 溶解后,稀释至 1 L
邻苯二甲酸氢钾-HCl	2.95 pK_{a1}	2.9	取 500 g 邻苯二甲酸氢钾溶于 500 mL 水中,加浓 HCl 80 mL,稀释至 1 L
NH_4Ac – HAc		4.5	取 NH_4Ac 77 g 溶于 200 mL 水中,加冰 HAc 59 mL,稀释至 1 L
NaAc – HAc	4.74	4.7	取无水 NaAc 83 g 溶于水中,加冰 HAc 60 mL,稀释至 1 L
NaAc – HAc	4.74	5.0	取无水 NaAc 160 g 溶于水中,加冰 HAc 60 mL,稀释至 1 L
NH_4Ac – HAc		5.0	取 NH_4Ac 250 g 溶于水中,加冰 HAc 25 mL,稀释至 1 L
六亚甲基四胺- HCl	5.15	5.4	取六亚甲基四胺 40 g 溶于 200 mL 水中,加浓 HCl 100 mL,稀释至 1 L
NH_4Ac – HAc		6.0	取 NH_4Ac 600 g 溶于水中,加冰 HAc 20 mL,稀释至 1 L
NaAc – H_3PO_4 盐		8.0	取无水 NaAc 50 g 和 $Na_2HPO_4 \cdot 12H_2O$ 50 g 溶于水中,稀释至 1 L
Tris – HCl(三羟甲基甲胺 CNH_2 – $(HOCH_3)_3$	8.21	8.2	取 25 g Tris 试剂溶于水中,加浓 HCl 18 mL,稀释至 1 L
NH_3 – NH_4Cl	9.26	9.2	取 NH_4Cl 54 g 溶于水中,加浓氨水 63 mL,稀释至 1 L

缓冲液组成	pK_a	缓冲液 pH	缓冲液配制方法
$NH_3 - NH_4Cl$	9.26	9.5	取 NH_4Cl 54 g 溶于水中,加浓氨水 126 mL,稀释至 1 L
$NH_3 - NH_4Cl$	9.26	10.0	取 NH_4Cl 54 g 溶于水中,加浓氨水 350 mL,稀释至 1 L

注:(1) 缓冲液配制后可用 pH 试纸检查。如 pH 不对,可用共轭酸或碱调节。pH 欲调节精确时,可用 pH 计调节。

(2) 若需增加或减少缓冲液的缓冲容量时,可相应增加或减少共轭酸碱对物质的量,再行调节。

九、常见化合物的相对分子质量

化合物	相对分子质量	化合物	相对分子质量	化合物	相对分子质量
$AgCl$	143.32	$Fe(OH)_3$	106.87	$MgSO_4 \cdot 7H_2O$	246.47
$AgNO_3$	169.87	$FeSO_4$	151.91	$MnSO_4$	151
Al_2O_3	101.96	$FeSO_4 \cdot 7H_2O$	278.01	MnO_2	86.94
$Al_2(SO_4)_3$	342.14	$Fe(NH_4)_2(SO_4)_2 \cdot 6H_2O$	392.13	NO_2	46.01
$Al(OH)_3$	78	$H_2C_2O_4$	90.04	NH_3	17.03
$BaCl_2$	208.24	$H_2C_2O_4 \cdot 2H_2O$	126.07	$NH_2OH \cdot HCl$ 盐酸羟胺	69.49
$BaSO_4$	233.39	HCl	36.46		
$Ba(OH)_2$	171.34	HNO_3	63.01	NH_4Cl	53.49
CaO	56.08	H_2O	18.015	$(NH_4)_2C_2O_4$	124.1
$CaCl_2$	110.99	H_2O_2	34.02	$(NH_4)_2C_2O_4 \cdot H_2O$	142.11
$CaCO_3$	100.09	H_3PO_4	98	NH_4SCN	76.12
$CoCl_2$	129.84	H_2SO_4	98.07	$(NH_4)_2HPO_4$	132.06

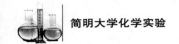

续　表

化合物	相对分子质量	化合物	相对分子质量	化合物	相对分子质量
$CoCl_2 \cdot 6H_2O$	237.93	$KAl(SO_4)_2 \cdot 12H_2O$	474.38	$(NH_4)_2SO_4$	132.13
$Co(NO_3)_2$	182.94	KCl	74.55	Na_2CO_3	105.99
$Co(NO_3)_2 \cdot 6H_2O$	291.03	$KSCN$	97.18	$Na_2C_2O_4$	134
$CO(NH_2)_2$ 尿素	60.06	K_2CO_3	138.21	$NaCl$	74.44
$(CH_2)_6N_4$ 六亚甲基四胺	140.19	K_2CrO_4	194.19	$Na_2H_2C_{10}H_{12}O_8N_2$ EDTA 二钠盐	336.21
		$K_2Cr_2O_7$	294.18		
$C_{12}H_8N_2 \cdot H_2O$ 邻菲罗啉	198.22	$K_3Fe(CN)_6$	329.25	$Na_2H_2C_{10}H_{12}O_8N_2 \cdot 2H_2O$	372.24
CuO	79.54	$K_4Fe(CN)_6$	368.35	$NaOH$	40
$CuSO_4$	159.6	$KHC_8H_4O_4$ 邻苯二甲酸氢钾	204.22	Na_3PO_4	163.94
$CuSO_4 \cdot 5H_2O$	249.68	KI	166	$Na_2S_2O_3$	158.1
$CuCl_2$	134.45	KIO_3	214	$Na_2S_2O_3 \cdot 5H_2O$	248.17
$Cu(NO_3)_2$	187.56	$KMnO_4$	158.03	$SnCl_2$	189.6
$FeCl_2$	126.75	KNO_3	101.1	$SnCl_4$	260.5
$FeCl_3$	162.21	KOH	56.11	$ZnCl_2$	136.29
$FeNH_4(SO_4)_2 \cdot 12H_2O$	482.18	K_2SO_4	174.25	$Zn(NO_3)_2$	189.39
$Fe(NO_3)_3 \cdot 9H_2O$	404	$Mg(OH)_2$	58.32	$ZnSO_4$	161.44

十、常见离子的定性鉴定方法

表 1　常见阳离子的鉴定方法

阳离子	鉴定方法及灵敏度	条件与干扰
Na$^+$	1. 与醋酸铀铣锌反应 取 2 滴 Na$^+$ 试液,加 4 滴 95％乙醇,加 8 滴醋酸铀酰锌试剂：UO$_2$（Ac）$_2$ ＋ Zn(Ac)$_2$＋HAc,反应时以玻璃棒摩擦器壁,淡黄色的晶状沉淀出现,示有 Na$^+$： $3UO_2^{2+} + Zn^{2+} + Na^+ + 9Ac^- + 9H_2O \Longrightarrow$ $3UO_2(Ac)_2 \cdot Zn(Ac)_2 \cdot NaAc \cdot 9H_2O \downarrow$ 检出限量：12.5 μg 最低浓度：250 $\mu g \cdot mL^{-1}$ (250 ppm)	1. 在中性或醋酸酸性溶液中进行,强酸强碱均能使试剂分解。需加入大量试剂,并加入乙醇以降低产物溶解度,反应时以玻璃棒摩擦器壁； 2. 大量 K$^+$ 存在时,可能生成 KAc · UO$_2$(Ac)$_2$ 的针状结晶。如试液中有大量 K$^+$ 时用水冲稀 3 倍后试验； Ag$^+$、Hg^{2+}、Sb^{3+} 有干扰,PO$_4^{3-}$、AsO$_4^{3-}$ 能使试剂分解,应预先除去
	2. 与 KSb(OH)$_6$ 反应 Na$^+$ 试液与等体积的 0.1 mol · L^{-1} KSb(OH)$_6$ 试液混合,用玻璃棒摩擦器壁,放置后产生白色晶形沉淀示有 Na$^+$： $Na^+ + [Sb(OH)_6]^- \Longrightarrow NaSb(OH)_6 \downarrow$ Na$^+$ 浓度大时,立即有沉淀生成,浓度小时因生成过饱和溶液,很久以后(几小时,甚至过夜)才有结晶附在器壁	1. 在中性或弱碱性溶液中进行,因酸能分解试剂； 2. 低温进行,因沉淀的溶解度随温度的升高而加剧； 3. 除碱金属以外的金属离子也能与试剂形成沉淀,需预先除去
K$^+$	1. 与 Na$_3$[Co(NO$_2$)$_6$]反应 取 2 滴 K$^+$ 试液,加 3 滴六硝基合钴酸钠(Na$_3$[Co(NO$_2$)$_6$])溶液,放置片刻,黄色的 K$_2$Na[Co(NO$_2$)$_6$]沉淀析出,示有 K$^+$： $2K^+ + Na^+ + [Co(NO_2)_6]^{3-} \Longrightarrow$ $K_2Na[Co(NO_2)_6] \downarrow$ 检出限量：4 μg 最低浓度：80 $\mu g \cdot mL^{-1}$ (80 ppm)	1. 中性、微酸性溶液中进行,沉淀不溶于稀 HAc。强酸、强碱能分解试剂中的[Co(NO$_2$)$_6$]$^{3-}$； 2. NH$_4^+$ 与试剂生成橙色沉淀(NH$_4$)$_2$Na[Co(NO$_2$)$_6$]而干扰,但在沸水中加热 1～2 min 后(NH$_4$)$_2$Na[Co(NO$_2$)$_6$]完全分解： $NO_2^- + NH_4^+ \overset{\triangle}{=\!=\!=} N_2 \uparrow + 2H_2O$ 而 K$_2$Na[Co(NO$_2$)$_6$]无变化,故可在 NH$_4^+$ 浓度大于 K$^+$ 浓度 100 倍时,鉴定 K$^+$； 3. I$^-$ 及其他还原剂能使试剂中的 Co^{3+} 还原为 Co^{2+},NO$_2^-$ 还原为 NO 气体： $2Co^{3+} + 2I^- \Longrightarrow 2Co^{2+} + I_2$ $2NO_2^- + 2I^- + 4HAc \Longrightarrow I_2 + 2NO \uparrow + 4Ac^- + 2H_2O$

阳离子	鉴定方法及灵敏度	条件与干扰
K^+	2. 与 $Na[B(C_6H_5)_4]$ 反应 取 2 滴 K^+ 试液,加 2～3 滴 0.1 mol·L^{-1}四苯硼酸钠($Na[B(C_6H_5)_4]$)溶液,生成白色沉淀示有 K^+: $K^+ + [B(C_6H_5)_4]^- \Longrightarrow K[B(C_6H_5)_4]\downarrow$ 检出限量:0.5 μg 最低浓度:10 μg·mL^{-1}(10 ppm)	1. 在中性或醋酸溶液中进行; 2. NH_4^+ 有类似的反应而干扰,可在溶液中加入甲醛,再用 Na_2CO_3 调到酚酞变红(pH 约为 9),NH_4^+ 与甲醛反应生成六亚甲基四胺,反应可进行完全。Pb^{2+}、Mn^{2+}、Zn^{2+}、Ni^{2+}、Ag^+、Hg^{2+}、Al^{3+} 在鉴定 K^+ 的条件下均有白色沉淀生成,故干扰反应。Ag^+、Hg^{2+} 的影响可加 $NaCN$ 消除,其他阳离子的干扰可在 pH＝5 介质中加 EDTA 来消除
NH_4^+	1. 气室法 用干燥、洁净的表面皿两块(一大、一小),在大的表面皿中心放 3 滴 NH_4^+ 试液,再加 3 滴 6 mol·L^{-1} $NaOH$ 溶液,混合均匀。在小的一块表面皿中心黏附一小条潮湿的酚酞试纸,盖在大的表面皿上做成气室。将此气室放在水浴上微热 2 min,酚酞试纸变红,示有 NH_4^+ 检出限量:0.05 μg 最低浓度:1 μg·mL^{-1}(1 ppm)	1. 是 NH_4^+ 的特征反应; 2. 除用酚酞试纸外,还可用 pH 试纸(pH 在 10 以上示有 NH_4^+)或浸过奈氏试剂的试纸校验,氨气可使奈氏试剂出现红棕色斑点
	2. 与奈氏试剂反应 取 1 滴 NH_4^+ 试液,放在白滴板的圆孔中,加 2 滴奈氏试剂(K_2HgI_4 的 $NaOH$ 溶液),生成红棕色沉淀,示有 NH_4^+: $NH_4^+ + 2[HgI_4]^{2-} + 4OH^- \Longrightarrow$ $\left[\begin{array}{c} Hg \\ O \quad\quad NH_2 \\ Hg \end{array}\right] I\downarrow + 3H_2O + 7I^-$ 或 $NH_4^+ + OH^- \Longrightarrow NH_3 + H_2O$ $NH_3 + 2[HgI_4]^{2-} + OH^- \Longrightarrow$ $\left[\begin{array}{c} I-Hg \\ NH_2 \\ I-Hg \end{array}\right] I\downarrow + H_2O + 5I^-$ NH_4^+ 浓度低时,没有沉淀产生,但溶液呈黄色或棕色 检出限量:0.05 μg 最低浓度:1 μg·mL^{-1}(1 ppm)	1. Fe^{3+}、Co^{2+}、Ni^{2+}、Ag^+、Cr^{3+} 等存在时,与试剂中的 $NaOH$ 生成有色沉淀而干扰,必须预先除去; 2. 大量 S^{2-} 的存在,使 $[HgI_4]^{2-}$ 分解析出 $HgS\downarrow$。大量 I^- 存在使反应向左进行,沉淀溶解

阳离子	鉴定方法及灵敏度	条件与干扰
Mg^{2+}	1. 与镁试剂反应 取 2 滴 Mg^{2+} 试液,加 2 滴 2 mol・L^{-1} NaOH 溶液,1 滴镁试剂(Ⅰ),沉淀呈天蓝色,示有 Mg^{2+}。 对硝基苯偶氮苯二酚 俗称镁试剂(Ⅰ),在碱性环境下呈红色或红紫色,被 $Mg(OH)_2$ 吸附后则呈天蓝色 检出限量:0.5 μg 最低浓度:10 $\mu g・mL^{-1}$(10 ppm)	1. 反应必须在碱性溶液中进行,如$[NH_4^+]$过大,由于它降低了$[OH^-]$,因而妨碍 Mg^{2+} 的检出,故在鉴定前需加碱煮沸,以除去大量的 NH_4^+; 2. Ag^+、Hg_2^{2+}、Hg^{2+}、Cu^{2+}、Co^{2+}、Ni^{2+}、Mn^{2+}、Cr^{3+}、Fe^{3+} 及大量 Ca^{2+} 干扰反应,应预先除去
	2. 与$(NH_4)_2HPO_4$反应 取 4 滴 Mg^{2+} 试液,加 2 滴 6 mol・L^{-1} 氨水,2 滴 2 mol・L^{-1} $(NH_4)_2HPO_4$ 溶液,摩擦试管内壁,生成白色晶形 $MgNH_4PO_4・6H_2O$ 沉淀,示有 Mg^{2+}: $Mg^{2+} + HPO_4^{2-} + NH_3・H_2O + 5H_2O \Longrightarrow MgNH_4PO_4・6H_2O \downarrow$ 检出限量:30 μg 最低浓度:10 $\mu g・mL^{-1}$(10 ppm)	1. 反应需在氨缓冲溶液中进行,要有高浓度的 PO_4^{3-} 和足够量的 NH_4^+; 2. 反应的选择性较差,除本组外,其他组很多离子都可能产生干扰
Ca^{2+}	1. 与$(NH_4)_2C_2O_4$反应 取 2 滴 Ca^{2+} 试液,滴加饱和$(NH_4)_2C_2O_4$ 溶液,有白色的 CaC_2O_4 沉淀形成,示有 Ca^{2+} 检出限量:1 μg 最低浓度:40 $\mu g・mL^{-1}$(40 ppm)	1. 反应在 HAc 酸性、中性、碱性溶液中进行; 2. Mg^{2+}、Sr^{2+}、Ba^{2+} 有干扰,但 MgC_2O_4 溶于醋酸,CaC_2O_4 不溶,Sr^{2+}、Ba^{2+} 在鉴定前应除去

阳离子	鉴定方法及灵敏度	条件与干扰
Ca^{2+}	**2. 与 GBHA 反应** 取 2 滴试液,加 3～4 滴 $CHCl_3$,加 4 滴 2 $g \cdot L^{-1}$ GBHA 试液,加 2 滴 6 $mol \cdot L^{-1}$ NaOH,2 滴 1 $mol \cdot L^{-1}$ Na_2CO_3 溶液,振荡。$CHCl_3$ 层显红色(同时进行空白试验),示有 Ca^{2+} 乙二醛双缩[2-羟基苯胺]简称 GBHA,与 Ca^{2+} 在 pH＝12～12.6 的溶液中生成红色螯合物沉淀,它溶于 $CHCl_3$: 检出限量:0.05 μg 最低浓度:1 $\mu g \cdot mL^{-1}$(1 ppm)	1. Ba^{2+}、Sr^{2+} 在相同条件下生成橙色、红色沉淀,但加入 Na_2CO_3 后,形成碳酸盐沉淀,螯合物颜色变浅,而钙的螯合物颜色基本不变; 2. Cu^{2+}、Cd^{2+}、Co^{2+}、Ni^{2+}、Mn^{2+}、UO_2^{2+} 等也与试剂生成有色螯合物而干扰,当用氯仿萃取时,只有 Cd^{2+} 的产物(蓝紫色沉淀)和 Ca^{2+} 的产物一起被萃取
Ba^{2+}	**1. 与 K_2CrO_4 反应** 取 2 滴 Ba^{2+} 试液,加 1 滴 0.1 $mol \cdot L^{-1}$ K_2CrO_4 溶液,有 $BaCrO_4$ 黄色沉淀生成,示有 Ba^{2+} 检出限量:3.5 μg 最低浓度:70 $\mu g \cdot mL^{-1}$(70 ppm)	1. 反应在中性或弱酸性溶液中进行; 2. 沉淀不溶于稀醋酸,溶于稀的盐酸或硝酸

阳离子	鉴定方法及灵敏度	条件与干扰
Ba^{2+}	**2. 与玫瑰红酸钠反应** 取2滴Ba^{2+}试液，加1滴0.2%玫瑰红酸钠溶液，生成红棕色沉淀。加2 mol·L^{-1} HCl溶液至强酸性，沉淀变为桃红色，示有Ba^{2+}： 检出限量：0.25 μg 最低浓度：5 $\mu g·mL^{-1}$（5 ppm）	1. 在中性或弱酸性介质中反应生成红棕色沉淀，加稀HCl溶液后沉淀变成鲜红色； 2. Sr^{2+}与玫瑰红酸钠在中性或弱酸性介质中也生成红棕色沉淀，但加稀盐酸后沉淀溶解； Ca^{2+}在中性或弱酸性介质中不与玫瑰红酸钠反应，但加NaOH或KOH使溶液呈碱性后，会析出暗紫色的玫瑰红酸钙沉淀
Al^{3+}	**与铝试剂反应** 取1滴Al^{3+}试液，加2～3滴水，加2滴3 mol·$L^{-1}$$NH_4Ac$，2滴铝试剂，搅拌，微热片刻，加6 mol·$L^{-1}$氨水至碱性，红色沉淀不消失，示有$Al^{3+}$： 检出限量：0.1 μg 最低浓度：2 $\mu g·mL^{-1}$（2 ppm）	1. 在HAc-NH_4Ac的缓冲溶液中进行； 2. Cr^{3+}、Fe^{3+}、Bi^{3+}、Cu^{2+}、Ca^{2+}等离子在HAc缓冲溶液中，也能与铝试剂生成红色化合物而干扰，但加入氨水碱化后，Cr^{3+}、Cu^{2+}的化合物即分解，加入$(NH_4)_2CO_3$，可使Ca^{2+}的化合物生成$CaCO_3$而分解，Fe^{3+}、Bi^{3+}（包括Cu^{2+}）可预先加NaOH形成沉淀而分离； 3. 若鉴定液为碱性，用浓HAc调节pH为6～7后进行鉴定。如生产橙红色沉淀，示有存在CrO_4^{2-}，可离心分离，用水洗涤两次即可得到红色沉淀

续　表

阳离子	鉴定方法及灵敏度	条件与干扰
Cr^{3+}	1. 生成 $PbCrO_4$ 沉淀 取 3 滴 Cr^{3+} 试液,加 6 mol·L^{-1} NaOH 溶液直到生成的沉淀溶解,搅动后加 4 滴 3% 的 H_2O_2,水浴加热,溶液颜色由绿变黄,继续加热直至剩余的 H_2O_2 分解完,冷却,加 6 mol·L^{-1} HAc 酸化,加 2 滴 0.1 mol·L^{-1} Pb(NO$_3$)$_2$ 溶液,生成黄色 $PbCrO_4$ 沉淀,示有 Cr^{3+}: $Cr^{3+}+4OH^-\!=\!=\!CrO_2^-+2H_2O$ $2CrO_2^-+3H_2O_2+2OH^-\!=\!=\!2CrO_4^{2-}+4H_2O$ $Pb^{2+}+CrO_4^{2-}\!=\!=\!PbCrO_4\downarrow$	1. 在强碱性介质中,H_2O_2 将 Cr^{3+} 氧化为 CrO_4^{2-} 2. 沉淀溶于强酸,也溶于强碱,但不溶于醋酸。形成 $PbCrO_4$ 的反应必须在弱酸性(HAc)溶液中进行
	2. 生成过氧化物 按 1 法将 Cr^{3+} 氧化成 CrO_4^{2-},用 2 mol·L^{-1} H_2SO_4酸化溶液至 pH=2~3,加入 0.5 mL 戊醇、0.5 mL 3% H_2O_2,振荡,有机层显蓝色,示有 Cr^{3+}: $Cr_2O_7^{2-}+4H_2O_2+2H^+\!=\!=\!2H_2CrO_6+3H_2O$ 检出限量:2.5 μg 最低浓度:50 μg·mL^{-1}(50 ppm)	1. pH<1,蓝色的 H_2CrO_6 分解 2. H_2CrO_6 在水中不稳定,故用戊醇萃取,并在冷溶液中进行,其他离子无干扰
Fe^{3+}	1. 与 K$_4$[Fe(CN)$_6$]反应 取 1 滴 Fe^{3+} 试液放在白滴板上,加 1 滴 K$_4$[Fe(CN)$_6$]溶液,生成蓝色沉淀,示有 Fe^{3+} 检出限量:0.05 μg 最低浓度:1 μg·mL^{-1}(1 ppm)	1. K$_4$[Fe(CN)$_6$]不溶于浓的强酸,但被强碱分解生成Fe(OH)$_3$,故反应在中性或微酸性溶液中进行。 2. 其他阳离子与试剂生成的有色化合物的颜色不及 Fe^{3+} 的鲜明,故可在其他离子存在时鉴定 Fe^{3+},如大量存在 Cu^{2+}、Co^{2+}、Ni^{2+} 等离子,也有干扰,分离后再作鉴定。

阳离子	鉴定方法及灵敏度	条件与干扰
Fe^{3+}	2. 与 NH_4SCN 反应 取 1 滴 Fe^{3+} 试液，加 1 滴 $0.5\ mol\cdot L^{-1}$ NH_4SCN 溶液，形成红色溶液示有 Fe^{3+} 检出限量：$0.25\ \mu g$ 最低浓度：$5\ \mu g\cdot mL^{-1}$（5 ppm）	1. 碱能破坏红色配合物，生成 $Fe(OH)_3$ 沉淀，故反应在酸性溶液中进行，但不能用 HNO_3，它具有氧化性，能破坏 SCN^-： $13NO_3^- + 3SCN^- + 10H^+ == 3SO_4^{2-} + 3CO_2\uparrow + 16NO\uparrow + 5H_2O$ 2. F^-、H_3PO_4、$H_2C_2O_4$、酒石酸、柠檬酸以及含有 α-或 β-羟基的有机酸都能与 Fe^{3+} 形成稳定的配合物而干扰。溶液中若有大量汞盐，由于形成 $[Hg(SCN)_4]^{2-}$ 而干扰，钴、镍、铬和铜盐因离子有色，或因与 SCN^- 的反应产物的颜色而降低检出 Fe^{3+} 的灵敏度
Fe^{2+}	1. 与 $K_3[Fe(CN)_6]$ 反应 取 1 滴 Fe^{2+} 试液在白滴板上，加 1 滴 $K_3[Fe(CN)_6]$ 溶液，出现蓝色沉淀，示有 Fe^{2+} 检出限量：$0.1\ \mu g$ 最低浓度：$2\ \mu g\cdot mL^{-1}$（2 ppm）	1. 本法灵敏度、选择性都很高，仅在大量重金属离子存在而 $[Fe^{2+}]$ 很低时，现象不明显； 2. 反应在酸性溶液中进行，沉淀不溶于稀酸，但为碱分解
	2. 与邻菲啰啉反应 取 1 滴 Fe^{2+} 试液，加几滴 $2.5\ g\cdot L^{-1}$ 的邻菲啰啉溶液，生成橘红色的溶液，示有 Fe^{2+} 检出限量：$0.025\ \mu g$ 最低浓度：$0.5\ \mu g\cdot mL^{-1}$（0.5 ppm）	1. 中性或微酸性溶液中进行，大量 $NaOH$ 会破坏螯合物，生成 $Fe(OH)_2$ 沉淀； 2. Fe^{3+} 生成微橙黄色，不干扰，但在 Fe^{3+}、Co^{2+} 同时存在时不适用。10 倍量的 Cu^{2+}、40 倍量的 Co^{2+}、140 倍量的 $C_2O_4^{2-}$、6 倍量的 CN^- 干扰反应； 3. 此法比 1 法选择性高； 4. 如用 1 滴 $NaHSO_3$ 先将 Fe^{3+} 还原，即可用此法检出 Fe^{3+}。

阳离子	鉴定方法及灵敏度	条件与干扰
Mn²⁺	1. 与 NaBiO₃ 反应 取 1 滴 Mn²⁺ 试液，加 5 滴水，3 滴 2 mol·L⁻¹ HNO₃ 溶液，加少许 NaBiO₃ 固体，搅拌，形成紫色溶液，示有 Mn²⁺ 检出限量：0.8 μg 最低浓度：16 μg·mL⁻¹（16 ppm）	1. 在 HNO₃ 或 H₂SO₄ 酸性溶液中进行； 2. 本组其他离子无干扰； 3. 还原剂（Cl⁻、Br⁻、I⁻、H₂O₂ 等）有干扰
	2. 与 (NH₄)₂C₂O₄ 和 NaNO₂ 反应 取 1 滴 Mn²⁺ 试液，用 0.5 mol·L⁻¹ HAc~NaAc 溶液调至 pH 为 2～4，加 2～3 滴 0.25 mol·L⁻¹ (NH₄)₂C₂O₄ 溶液及数粒 NaNO₂ 固体，生成粉红色 $[Mn(C_2O_4)_3]^{3-}$，示有 Mn²⁺ 存在： $Mn^{2+}+NO_2^-+2H^+ = Mn^{3+}+NO+H_2O$ $Mn^{3+}+3C_2O_4^{2-} = [Mn(C_2O_4)_3]^{3-}$ 检出限量：2.5 μg 最低浓度：50 μg·mL⁻¹（50 ppm）	1. 在 pH 为 2～4 介质中反应，生成稳定的 $[Mn(C_2O_4)_3]^{3-}$ 粉红色配合物； 2. 大量 Co²⁺、Ni²⁺ 与 Mn²⁺ 共存时，影响反应
Zn²⁺	1. 与 (NH₄)₂Hg(SCN)₄—CuSO₄ 反应 取 1 滴 0.2 g·L⁻¹ CuSO₄ 溶液，加 1 滴 (NH₄)₂Hg(SCN)₄ 溶液，搅拌，无沉淀生成，加 1 滴 Zn²⁺ 试液，生成紫色沉淀，示有 Zn²⁺： Cu^{2+}（<0.02%）$+Hg(SCN)_4^{2-}+Zn^{2+} \longrightarrow ZnHg(SCN)_4 \cdot CuHg(SCN)_4 \downarrow$ 也可用极稀的 CoCl₂（<0.2 g·L⁻¹）溶液代替 Cu²⁺ 溶液，则得蓝色混晶。 检出限量：形成铜锌混晶时 0.25 μg 最低浓度：100 μg·mL⁻¹（100 ppm）	1. 在中性或微酸性溶液中进行。试液必须酸化，如遇碱性溶液，则 (NH₄)₂Hg(SCN)₄ 将分解而析出 HgO； 2. 在中性或酸性溶液中，Cu²⁺ 能与 (NH₄)₂Hg(SCN)₄ 形成黄绿色晶体 CuHg(SCN)₄，但只有 Cu²⁺ 浓度大时才迅速反应，Cu²⁺ 浓度小于 0.02% 时，须经长时间放置才形成黄绿色晶体。如有 Zn²⁺ 同时存在，因 Zn²⁺ 与 Hg(SCN)₄²⁻ 生成的 ZnHg(SCN)₄ 白色晶体，加速了 CuHg(SCN)₄ 的生成，并使它们形成紫色混晶 ZnHg(SCN)₄·CuHg(SCN)₄。如加入几滴戊醇，紫色沉淀会聚集在水层和有机层之间，可提高灵敏度
	2. 与 S²⁻ 反应 取 2 滴 Zn²⁺ 试液，调节溶液的 pH=10，加 4 滴 TAA，加热，生成白色沉淀，沉淀不溶于 HAc，溶于 HCl，示有 Zn²⁺：	铜锡组、银组离子应预先分离，本组其他离子也需分离

阳离子	鉴定方法及灵敏度	条件与干扰
Co^{2+}	**1. 与 NH$_4$SCN 反应** 取 1～2 滴 Co^{2+} 试液,加饱和 NH$_4$SCN 溶液,加 5～6 滴戊醇溶液,振荡,静置,有机层呈蓝绿色,示有 Co^{2+}: 如有红色或棕色出现,加 1 滴 SnCl$_2$,溶液显蓝色或绿色,示有 Co^{2+} 检出限量:0.5 μg 最低浓度:10 μg·mL^{-1}(10 ppm)	1. 在中性或酸性溶液中反应; 2. 它能溶于许多有机溶剂(如乙醇、戊醇、苯甲醇、丙醇等),在有机溶剂中比在水中解离度更小,用有机溶剂萃取,增加它的稳定性,反应也更灵敏; 3. Fe^{3+}、Cu^{2+} 有干扰。Fe^{3+} 单独存在时加 NaF 掩蔽;两者都存在时可加入 SnCl$_2$,使它们还原为低价离子。大量 Ni^{2+} 存在时溶液呈浅蓝色,干扰反应
	2. 与钴试剂反应 取 1 滴 Co^{2+} 试液在白滴板上,加 1 滴钴试剂,有红褐色沉淀生成,示有 Co^{2+}。 钴试剂为 α-亚硝基-β-萘酚,有互变异构体,与 Co^{2+} 形成螯合物[Co(Ⅲ)]: Co^{2+} 转变为 Co^{3+} 是由于试剂本身起着氧化剂的作用,也可能发生空气氧化 检出限量:0.15 μg 最低浓度:10 μg·mL^{-1}(10 ppm)	1. 中性或弱酸性溶液中进行,沉淀不溶于强酸; 2. 试剂须新鲜配制; 3. Fe^{3+} 与试剂生成棕黑色沉淀,溶于强酸,它的干扰也可加 Na$_2$HPO$_4$ 掩蔽,Cu^{2+}、Hg^{2+} 及其他金属干扰
	3. 与 PAN 反应 取 1 滴 Co^{2+} 试液于白滴板上,加 1 滴 PAN 试剂,溶液呈红色。再加 1 滴浓 HCl 溶液,由于 Co^{2+} 被空气氧化为 Co^{3+},它与 PAN 的配合物为绿色,如 Co^{2+} 浓度大时生成绿色沉淀,示有 Co^{2+}: 检出限量:0.4 μg 最低浓度:8 μg·mL^{-1}(8 ppm)	Co^{2+} 与 PAN[1-(2-吡啶偶氮)-2-萘酚]在 pH=3.5～5 的介质中反应,生成酒红色的 Co(Ⅱ)-PAN。当加入酸使溶液 pH<1 时,Co^{2+} 被氧化为 Co^{3+},溶液变为绿色或生成绿色沉淀[Co(Ⅲ)-PAN]

阳离子	鉴定方法及灵敏度	条件与干扰
Ni^{2+}	1. 与丁二酮肟反应 取 1 滴 Ni^{2+} 试液放在白滴板上,加 1 滴 $6\ mol \cdot L^{-1}$ 氨水,加 1 滴丁二酮肟,稍等片刻,在凹槽四周形成红色沉淀示有 Ni^{2+} 存在: 检出限量:$0.1\ \mu g$ 最低浓度:$2\ \mu g \cdot mL^{-1}$(2 ppm)	1. 反应在 pH 为 5～10 的氨性溶液中进行。沉淀溶于强酸、强碱、浓氨水中; 2. Fe^{2+}、Pd^{2+}、Cu^{2+}、Co^{2+}、Fe^{3+}、Cr^{3+}、Mn^{2+} 等干扰,可事先加 H_2O_2 把 Fe^{2+} 氧化成 Fe^{3+},加柠檬酸或酒石酸掩蔽 Fe^{3+} 和其他离子
	2. 与二硫代乙二酰胺反应 取 1 滴 Ni^{2+} 试液在滤纸上,用 $10\ g \cdot L^{-1}$ 二硫代乙二酰胺在斑点周围画圈,如显蓝色或蓝紫色环,示有 Ni^{2+} 存在: 检出限量:$0.1\ \mu g$ 最低浓度:$2\ \mu g \cdot mL^{-1}$	1. 沉淀不溶于稀酸,可溶于 KCN 溶液; 2. Cu^{2+}、Co^{2+}、Fe^{3+} 干扰反应,可在滤纸上进行点滴反应来消除:在氨性介质中,Fe^{3+} 以 $Fe(OH)_3$ 形式沉淀在斑点中央,$[Cu(NH_3)_4]^{2+}$ 和 $[Co(NH_3)_6]^{2+}$ 扩散到 $Fe(OH)_3$ 外圈,而 $[Ni(NH_3)_6]^{2+}$ 扩散更快,可在斑点最外圈鉴定 Ni^{2+}
Cu^{2+}	与 $K_4[Fe(CN)_6]$ 反应 取 1 滴 Cu^{2+} 试液,加 1 滴 $6\ mol \cdot L^{-1}$ HAc 酸化后,加 1 滴 $K_4[Fe(CN)_6]$ 溶液,红棕色沉淀出现,示有 Cu^{2+}: $2Cu^{2+}+[Fe(CN)_6]^{4-}=\!=\!=Cu_2[Fe(CN)_6]\downarrow$ 检出限量:$0.02\ \mu g$ 最低浓度:$0.4\ \mu g \cdot mL^{-1}$(0.4 ppm)	1. 在中性或弱酸性溶液中进行。如试液为强酸性,则用 $3\ mol \cdot L^{-1}$ NaAc 调至弱酸性后进行。沉淀不溶于稀酸,溶于氨水,生成 $Cu(NH_3)_4^{2+}$,与强碱生成 $Cu(OH)_2$; 2. Fe^{3+} 以及大量的 Co^{2+}、Ni^{2+} 会干扰

阳离子	鉴定方法及灵敏度	条件与干扰
Pb^{2+}	与 K_2CrO_4 反应 取 2 滴 Pb^{2+} 试液,加 2 滴 0.1 mol·L^{-1} K_2CrO_4 溶液,生成黄色沉淀,示有 Pb^{2+}。 检出限量:0.025 μg 最低浓度:5 μg·mL^{-1}(5 ppm)	1. 在 HAc 溶液中进行,沉淀溶于浓 HNO_3,但难溶于稀 HNO_3。不溶于氨水(与 Ag^+、Cu^{2+} 不同),难溶于稀醋酸(与 Cu^{2+}、Hg^{2+} 不同)。沉淀溶于 2 mol·L^{-1} NaOH,生成 PbO_2^{2-}; 2. Ba^{2+}、Bi^{3+}、Hg^{2+}、Ag^+ 等干扰
Hg^{2+}	如鉴定试液为 Hg_2^{2+},则先将其氧化为 Hg^{2+}:取 2~3 滴试液,加 4 滴浓 HCl 和 1 滴浓 HNO_3,加热数分钟至近干,除去过量王水。加几滴水,振荡混匀,再按下列方法鉴定 Hg^{2+}。	
	1. 与 KI-Na_2SO_3-Cu^{2+} 反应 取 1 滴 Hg^{2+} 试液,加 1 mol·L^{-1} KI 溶液,使生成沉淀后又溶解,加 2 滴 KI-Na_2SO_3 溶液,2~3 滴 Cu^{2+} 溶液,生成橘黄色沉淀,示有 Hg^{2+}: $Hg^{2+}+4I^-\Longrightarrow HgI_4^{2-}$ $2Cu^{2+}+4I^-\Longrightarrow 2CuI\downarrow+I_2$ $2CuI+HgI_4^{2-}\Longrightarrow Cu_2HgI_4+2I^-$ 反应生成的 I_2 由 Na_2SO_3 除去 检出限量:0.05 μg 最低浓度:1 μg·mL^{-1}(1 ppm)	1. Pd^{2+} 因有下面的反应而干扰: $2CuI+Pd^{2+}\Longrightarrow PdI_2+2Cu^+$ 产生的 PdI_2 使 CuI 变黑; 2. CuI 是还原剂,须考虑到氧化剂的干扰(Ag^+、Hg_2^{2+}、Au^{3+}、Pt^{IV}、Fe^{3+}、Ce^{IV} 等)。钼酸盐和钨酸盐与 CuI 反应生成低价氧化物(钼蓝、钨蓝)而干扰
	2. 与 $SnCl_2$ 反应 取 2 滴 Hg^{2+} 试液,滴加 0.5 mol·L^{-1} $SnCl_2$ 溶液,出现白色沉淀,继续加过量 $SnCl_2$,不断搅拌,放置 2~3 min,出现灰色沉淀,示有 Hg^{2+}	1. 凡与 Cl^- 能形成沉淀的阳离子应先除去; 2. 能与 $SnCl_2$ 起反应的氧化剂应先除去; 3. 这一反应同样适用于 Sn^{2+} 的鉴定

续 表

阳离子	鉴定方法及灵敏度	条件与干扰
Sn^{4+} Sn^{2+}	如鉴定试液为 Sn^{4+},则先将其还原为 Sn^{2+}:取 2～3 滴试液,加镁片 2～3 片,不断搅拌,待反应完全后加 2 滴 6 mol·L^{-1} HCl 溶液,微热,此时 Sn^{4+} 还原为 Sn^{2+},按下列方法鉴定	
	1. 与甲基橙反应 取 2 滴热的 [SnCl$_4$]$^{2-}$ 试液,加 2 滴浓 HCl 溶液、1 滴甲基橙,水浴加热。由于甲基橙被还原而褪色,示有 Sn^{2+} 存在	1. 在浓盐酸介质中,甲基橙被 [SnCl$_4$]$^{2-}$ 还原为氢化甲基橙而褪色。[SnCl$_4$]$^{2-}$ 还能继续使氢化甲基橙还原为 N,N-二甲基对苯二胺和对氨基苯磺酸钠; 2. 反应不可逆; 3. 反应的选择性好,均不干扰反应
	2. 与磷钼酸反应 在滤纸上加 1 滴磷钼酸铵试剂,小心烘干。加 1 滴 Sn^{2+} 酸性试液,再加 1 滴磷钼酸铵试剂,如显蓝色,示有 Sn^{2+} 检出限量:0.03 μg 最低浓度:0.6 μg·mL^{-1}(0.6 ppm)	磷钼酸(H$_3$[P(Mo$_3$O$_{10}$)$_4$]·3H$_2$O)遇还原剂,即被还原生成蓝色低价钼的氧化物
Ag$^+$	与稀 HCl 反应 取 2 滴 Ag$^+$ 试液,加 2 滴 2 mol·L^{-1} HCl,搅动,水浴加热,离心分离。在沉淀上加 4 滴 6 mol·L^{-1} 氨水,微热,沉淀溶解,再加 6 mol·L^{-1} HNO$_3$ 酸化,白色沉淀重又出现,示有 Ag$^+$ 检出限量:0.5 μg 最低浓度:10 μg·mL^{-1}(10 ppm)	

表 2　常见阴离子的鉴定方法

阴离子	鉴定方法	条件及干扰
SO_4^{2-}	试液用 6 mol·L^{-1} HCl 酸化,加 2 滴 0.5 mol·L^{-1} $BaCl_2$ 溶液,白色沉淀析出,示有 SO_4^{2-}	1. 沉淀不溶于稀酸与氨水; 2. 通常将 $BaCl_2$ 加入用 HCl 溶液酸化的硫酸盐试液中进行。在此条件下,碳酸盐、磷酸盐、亚硫酸盐均不形成沉淀
NO_2^-	1. 与对氨基苯磺酸、α-萘胺反应 取 1 滴 NO_2^- 试液,加 6 mol·L^{-1} HAc 溶液酸化,加 1 滴对氨基苯磺酸,1 滴α-萘胺,溶液显红紫色,示有 NO_2^-: 	1. 反应的灵敏度高,选择性好; 2. NO_2^- 浓度大时,红紫色很快褪去,生成褐色沉淀或黄色溶液
	2. 与 KI 反应 试液用 HAc 酸化,加 0.1 mol·L^{-1} KI 溶液和 CCl_4 溶液振荡,有机层显红紫色,示有 NO_2^-: $2NO_2^- + 2I^- + 4H^+ \Longrightarrow 2NO + I_2 + 2H_2O$ 3. 与硫脲反应 取 1 滴 HAc 酸化的试液,加 2 滴 2 mol·L^{-1} HCl 溶液,1 滴 $FeCl_3$,溶液变为深红色,示有 NO_2^-: $CS(NH_2)_2 + HNO_3 \Longrightarrow N_2 + H^+ + SCN^- + H_2O$	SCN 和 I^- 无干扰反应,可事先加 Ag_2SO_4 或稀 $AgNO_3$ 除去
NO_3^-	1. 还原后按 NO_2^- 鉴定 当 NO_2^- 不存在时,取 3 滴 NO_3^- 试液,用 6 mol·L^{-1} HAc 溶液酸化,加少许镁片搅动,NO_3^- 被还原为 NO_2^-,取 2 滴上层溶液,照 NO_2^- 的鉴定方法进行鉴定	
	2. 与 α-萘胺反应 当 NO_2^- 存在时,在 12 mol·L^{-1} H_2SO_4 溶液中加入 α-萘胺,生成淡紫红色化合物,示有 NO_3^-	这是很灵敏的鉴别硝酸盐的反应,当 NO_2^-、ClO_3^-、Ac^- 等存在时,对 NO_3^- 仍是特征反应

续　表

阴离子	鉴定方法	条件及干扰
Cl⁻	取 2 滴 Cl⁻ 试液,加 6 mol·L⁻¹ HNO₃ 酸化,加 0.1 mol·L⁻¹ AgNO₃ 至沉淀完全,离心分离。在沉淀上加 5～8 滴氨水溶液,搅动,加热,沉淀溶解,再加 6 mol·L⁻¹ HNO₃ 酸化,白色沉淀重又出现,示有 Cl⁻	
Br⁻	取 2 滴 Br⁻ 试液,加入数滴 CCl₄,滴入氯水,振荡,有机层显红棕色或金黄色,示有 Br⁻ 检出限量:50 μg 最低浓度:50 μg·mL⁻¹(50 ppm)	1. 如氯水过量,生成 BrCl,使有机层显淡黄色;或生成 BrO⁻、BrO₃⁻,有机层变为无色; 2. SO₃²⁻、S₂O₃²⁻ 干扰反应
I⁻	1. 与氯水反应 取 2 滴 I⁻ 试液,加入数滴 CCl₄,滴加氯水,振荡,有机层显紫色,示有 I⁻ 检出限量:40 μg 最低浓度:40 μg·mL⁻¹(40 ppm)	1. 在弱碱性、中性或酸性溶液中,氯水将 I⁻→I₂; 2. 过量氯水将 I₂→IO₃⁻,有机层紫色褪去
	2. 与 NaNO₂ 反应 在 I⁻ 试液中,加 HAc 酸化,加 0.1 mol·L⁻¹ NaNO₂ 溶液和 CCl₄,振荡,有机层显紫色,示有 I⁻ 检出限量:2.5 μg 最低浓度:50 μg·mL⁻¹(50 ppm)	Cl⁻、Br⁻ 对反应不干扰

十一、常见离子和化合物的颜色

表1　常见离子的颜色

无色阳离子	Ag⁺,Cd²⁺,K⁺,Ca²⁺(在溶液中主要以 AsO₃³⁻ 存在),Pb²⁺,Zn²⁺,Na⁺,Sr²⁺,As⁵⁺(在溶液中几乎全部以 AsO₄³⁻,存在),Hg₂²⁺,Bi³⁺,Ba²⁺,Sb³⁺ 或 Sb⁵⁺(主要以 SbCl₆³⁻ 或 SbCl₆⁻ 存在),Hg²⁺,Mg²⁺,Al³⁺,Sn²⁺,Sn⁴⁺
有色阳离子	Mn²⁺ 浅玫瑰色,稀溶液无色;[Fe(H₂O)₆]³⁺淡紫色,但平时所见 Fe³⁺盐溶液黄色或红棕色;Fe²⁺浅绿色,稀溶液无色;Cr³⁺绿色或紫色;Co²⁺玫瑰色;Ni²⁺绿色;Cu²⁺浅蓝色。

续　表

无色阴离子	SO_4^{2-},PO_4^{3-},F^-,SCN^-,$C_2O_4^{2-}$,MoO_4^{2-},SO_3^{2-},BO_2^-,Cl^-,NO_3^-,S^{2-},WO_4^{2-},$S_2O_3^{2-}$,$B_4O_7^{2-}$,Br^-,NO_2^-,ClO_3^-,VO_3^-,CO_3^{2-},SiO_3^{2-},I^-,Ac^-,BrO_3^-
有色阴离子	$Cr_2O_7^{2-}$ 橙色,CrO_4^{2-} 黄色,MnO_4^- 紫色,MnO_4^{2-} 绿色,$[Fe(CN)_6]^{4-}$ 黄绿色,$[Fe(CN)_6]^{3-}$ 黄棕色

表 2　有特征颜色的常见无机化合物

黑色	CuO,NiO,FeO,Fe_3O_4,MnO_2,FeS,CuS,Ag_2S,NiS,CoS,PbS
蓝色	$CuSO_4 \cdot 5H_2O$,$Cu(NO_3)_2 \cdot 6H_2O$,许多水合铜盐,无水 $CoCl_2$
绿色	镍盐,亚铁盐,铬盐,某些铜盐如 $CuCl_2 \cdot 2H_2O$
黄色	CdS,PbO,碘化物(如 AgI),铬酸盐(如 $BaCrO_4$,$PbCrO_4$,K_2CrO_4)
红色	Fe_2O_3,Cu_2O,HgO,HgS,Pb_3O_4
粉红色	$MnSO_4 \cdot 7H_2O$ 等锰盐,$CoCl_2 \cdot 6H_2O$
紫色	亚铬盐如$[Cr(Ac)_2]_2 \cdot 2H_2O$,高锰酸盐.

十二、某些氢氧化物沉淀和溶解时所需的 pH

氢氧化物	开始沉淀 pH		pH		
	原始浓度 $(1\ mol \cdot L^{-1})$	原始浓度 $(0.01\ mol \cdot L^{-1})$	完全沉淀$(<10^{-5}$ $mol \cdot L^{-1})$	沉淀开始溶解	沉淀完全溶解
$Fe(OH)_3$	1.5	2.3	4.1	14	
$Fe(OH)_2$	6.5	7.5	9.7	13.5	
$Ni(OH)_2$	6.7	7.7	9.5		
$Zn(OH)_2$	5.4	6.4	8	10.5	12~13
$Cr(OH)_3$	4	4.9	6.8	12	>14
$Cd(OH)_2$	7.2	8.2	9.7		
$Co(OH)_2$	6.6	7.6	9.2	14	
$Cu(OH)_2$	4.1	4.6	6.9		

氢氧化物	开始沉淀 pH		pH		
	原始浓度 (1 mol·L⁻¹)	原始浓度 (0.01 mol·L⁻¹)	完全沉淀(<10⁻⁵ mol·L⁻¹)	沉淀开始溶解	沉淀完全溶解
Al(OH)₃	3.3	4.0	5.2	7.8	10.8
Pb(OH)₂		7.2	8.7	10	13
Sn(OH)₄	0	0.5	1.0	13	>14
TiO(OH)₂	0	0.5	2.0		
Sn(OH)₂	0.9	2.1	4.7	10	13.5
HgO	1.3	2.4	5	11.5	
Be(OH)₂	5.2	6.2	8.8		
Ag₂O	6.2	8.2	11.2	12.7	
Mn(OH)₂	7.8	8.8	10.4	14	
Mg(OH)₂	9.4	10.4	12.4		

十三、水的饱和蒸气压

温度/℃	饱和蒸气压 /kPa	温度/℃	饱和蒸气压 /kPa	温度/℃	饱和蒸气压 /kPa
0	0.611 29	21	2.487 7	42	8.205 4
1	0.657 16	22	2.644 7	43	8.646 3
2	0.706 05	23	2.810 4	44	9.107 5
3	0.758 13	24	2.985	45	9.589 8
4	0.813 59	25	3.169	46	10.094
5	0.872 6	26	3.362 9	47	10.62
6	0.935 37	27	3.567	48	11.171
7	1.002 1	28	3.781 8	49	11.745
8	1.073	29	4.007 8	50	12.344

温度/℃	饱和蒸气压/kPa	温度/℃	饱和蒸气压/kPa	温度/℃	饱和蒸气压/kPa
9	1.148 2	30	4.245 5	51	12.97
10	1.228 1	31	4.495 3	52	13.623
11	1.312 9	32	4.757 8	53	14.303
12	1.402 7	33	5.033 5	54	15.012
13	1.497 9	34	5.322 9	55	15.752
14	1.598 8	35	5.626 7	56	16.522
15	1.705 6	36	5.945 3	57	17.324
16	1.818 5	37	6.279 5	58	18.159
17	1.938	38	6.629 8	59	19.028
18	2.064 4	39	6.996 9	60	19.932
19	2.197 8	40	7.381 4		
20	2.338 8	41	7.784		

摘自 David R. Lide,CRC Handbook of chemistry and physics,87 th Ed,6 - 9,2006 - 2007

主要参考文献

[1] 北京大学化学系普通化学教研室.普通化学实验[M].2 版.北京:北京大学出版社,1991.

[2] 北京大学化学系分析化学教学组.基础分析化学实验[M].2 版.北京:北京大学出版社,1998.

[3] 武汉大学.分析化学[M].6 版.北京:高等教育出版社,2016.

[4] 武汉大学.分析化学实验[M].5 版.北京:高等教育出版社,2010.

[5] 戚苓,陈佩琴,翁筠蓉,等.化学分析与仪器分析实验[M].南京:南京大学出版社,1992.

[6] 陈焕光,李焕然,张大经,等.分析化学实验[M].2 版.广州:中山大学出版社,1998.

[7] 华中师范大学,等.分析化学实验[M].4 版.北京:高等教育出版社,2014.

[8] 周其镇,方国女,樊行雪.大学基础化学实验(I)[M].北京:化学工业出版社,2000.

[9] Bassett J, Denney R C, Jeffery G H, et al. Vogel's Textbook of Quantitative Chemical Analysis[M]. 4th ed. New York: Longman, 1978.

[10] 大学化学实验改革课题组.大学化学新实验[M].杭州:浙江大学出版社,1990.

[11] 孙尔康,吴琴媛,周以泉,等.化学实验基础[M].南京:南京大学出版社,1991.

[12] 北京师范大学《化学实验规范》编写组.化学实验规范[M].北京:北京师范大学出版社,1987.